军迷·武器爱好者丛书

特种战舰

陈泽安 / 编著

辽宁美术出版社

前 言
Foreword

世界各国海军中，除了有航空母舰、潜艇、驱逐舰、护卫舰、巡洋舰、战列舰等大中型舰艇外，还有登陆舰艇、导弹艇、反水雷舰艇、巡逻舰、补给舰、鱼雷艇、破冰船等中小微型特种战舰。它们虽然看上去不起眼，但是各怀绝技，是现代海军不可或缺的组成部分。

登陆舰艇是一款现代军事海上登陆战最实用的武器装备，是为输送登陆兵及其武器装备、补给品而专门制造的舰艇，也可以提供无人舰载机的起飞和降落。登陆舰艇种类包括人员登陆舰、坦克登陆舰、船坞登陆舰、两栖运输舰、两栖攻击舰、两栖指挥舰、气垫登陆艇等。

导弹艇又称导弹快艇，是海军中以反舰导弹为主要武器的小型高速战斗艇，别看它小，战斗作用可不小。这是因为它装有导弹武器，使小艇具有巨大战斗威力，在现代海战中发挥重要作用。导弹艇具有吨位小、航速高、威力大等优点。

反水雷舰艇是专门用于搜索和排除水雷的舰艇，包括扫雷舰艇和猎雷舰艇两类。扫雷舰艇是装有水雷搜索器材并用扫雷具排除水雷的舰艇，主要用于探测和扫除港口及航道中的水雷，以及进行巡逻、护航和警戒等任务。按排水量分为远洋扫雷舰、近海扫雷舰和港湾扫雷艇。按船体材料分为钢壳、木壳和玻璃钢壳三种。猎雷舰艇是用于搜索、定位并摧毁水雷的舰艇。它不需要预先探明水雷引信的性能，就可直接探测和清除水雷。它分远海猎雷舰和近海猎雷舰。猎雷舰艇日益成为主要的反水雷舰艇。

巡逻舰在海军舰艇中是处于护卫舰以下一级的水面作战舰，主要用于近海防御、日常巡逻和战斗支援，也可用于巡逻警戒、反潜反舰、扫雷防空、缉私救援、情报搜集等多种任务，具体功能视具体装备设计情况而定。由于巡逻舰具有造价低、运行维护简单、舰员编制少、作战能力较强的优点，备受那些无力建造大中型水面舰艇的国家青睐。

补给舰，主要用于向航母战斗编队、舰船供应正常执勤所需的燃油、弹药、食品、备件等补给品，是专门用来在战斗中帮助队友的船舰。补给方式有纵向补给、横向补给、垂直补给三种。补给舰的种类有很多，有舰队油船、综合补给舰、快速支援舰、弹药船、战斗物资船等。

鱼雷艇，又称鱼雷快艇，是一种以鱼雷为主要武器，用于近海作战的小型高速战斗舰艇。除了执行攻击任务以外，它也可担负巡逻、警戒、反潜、布雷等其他任务。现代鱼雷艇有滑行艇、半滑行艇、水翼艇三种船型。鱼雷艇具有机动灵活、攻击威力大、隐蔽性好、造价低廉、制造容易、使用方便等优点。

破冰船是用于破碎水面冰层，开辟航道，保障舰船进出冰封港口、锚地，或引导舰船在冰区航行的勤务船，分为江河、湖泊、港湾或海洋破冰船。破冰船一般常用两种破冰方法：当冰层不超过 1.5 米厚时，多采用"连续式"破冰法——靠螺旋桨的力量和船头把冰层劈开撞碎；如果冰层较厚，则采用"冲撞式"破冰法——冲撞破冰船的船头部位吃水浅，会轻而易举地冲到冰面上去，然后靠船体把下面厚厚的冰层压为碎块。

对于广大读者朋友来说，丰富国防知识，加强对国防科技的关注，是有益且必要的，为此我们组织编写了"军迷·武器爱好者丛书"《特种战舰》这本书。本书精选了世界上100 种有名的特种战舰，从多个方面进行简明扼要的介绍，同时为每种特种战舰配备高清大图，希望读者朋友喜欢；又由于特种战舰数量实在庞大，难免有遗漏之处，敬请读者朋友批评谅解。

目 录
Contents

特种战舰简史

登陆舰艇简史

登陆舰艇的最初形态一般被认为是俄国黑海舰队 1916 年使用的名为"埃尔皮迪福尔"的船只。这是一种平底货船，吃水很浅，排水量 100 吨 ~ 1300 吨，适于运送部队抵达海滩实施登陆作战。

在一战后期，英、美曾改装和建造了一批与其类似的登陆艇，排水量在 10 吨 ~ 500 吨，大小不等，艇上装备机枪或小口径舰炮，艇艏开有舱门，便于人员和车辆下船登陆。这就是最早的登陆艇。登陆艇的航速都在 20 千米 / 小时以下，续航能力仅 200 千米 ~ 1000 千米。

20 世纪 20 年代至 20 世纪 30 年代，登陆舰在美国以外的大多数国家没有得到很大的发展。到 20 世纪 30 年代后期，具体的计划开始实施，并开始建造第一艘真正的专业登陆舰。

登陆舰得到大力发展是在二战期间。坦克登陆舰是为输送登陆部队及其坦克、火炮等重型装备登陆而专门制造的水面舰艇。美国在二战中建造了大量的大型坦克登陆舰。

尽管登陆舰在二战期间得到大力发展，但仍有很多限制，比如登陆区海岸线的类型是否适合发起攻击。海滩上的障碍物必须较少，并有合适的潮汐条件和适合船只抢滩的斜坡。然而，随着直升机的发展，这些问题都已得到了解决。

▲ 苏联伊万·罗戈夫级船坞登陆舰

▲ 英国海神之子级两栖船坞登陆舰

▲ 美国新港级坦克登陆舰

第一次使用直升机进行登陆作战，是1956年英、法和以色列对埃及发动的入侵（第二次中东战争）。两艘英国的轻型航母搭载了直升机和一个营的空降突击队，另外两艘参战的轻型航母被改编为专用的"突击航母"。在20世纪50年代末，美国军队对这些作战技术进行了进一步发展和完善。

登陆舰中创新之一是气垫登陆艇。这些大型气垫船进一步扩大了两栖攻击舰的作战区域，并且加快了登陆物资从船到岸的转移速度。苏联在翼地效应机（介于船舶与飞机之间的一种交通工具）方面的成绩，也为未来的两栖登陆作战提供了新的思路。近年来，登陆艇向着提高航速、多用途化、大型化、气垫化方向发展。

两栖攻击舰简史

虽然人类很早就有两栖作战的形式，但直到20世纪中叶才正式把两栖攻击舰应用于战争。其中日本陆军在二战之前便开始研发一系列登陆舰，称为"陆军特殊船"，包括最早建造于1934年的"神州丸"，以及后来的"丙型特殊船"。除了能够在船尾放出登陆艇，还搭载了航空设备，能够为登陆部队提供空中支援。

20世纪50年代，美国海军出现了"垂直登陆""超视距登陆"和"均衡装载"等多种两栖作战新概念，这些概念的核心是利用直升机、气垫登陆艇等装备搭载人员和物资在对方雷达系统视距之外发起攻击。这样，两栖攻击舰出现了。

▲ 停靠在诺曼底的美国郡级登陆舰

▲ 美国硫黄岛级两栖攻击舰

1961 年 8 月，世界上首款专为两栖垂直攻击作战而设计建造的战舰——硫黄岛级两栖攻击舰诞生。它在外形上很像直升机母舰，有从艏至艉的飞行甲板。甲板下有机库，还有飞机升降机。它可载 12 架 ~ 24 架不同型号的直升机，必要时还可载 4 架 AV-8B 型垂直 / 短距离起降战斗轰炸机。

世界上第一艘通用两栖攻击舰是美国的"塔拉瓦"号，于 1971 年 1 月动工建造，1976 年 5 月服役。它可载 1 个加强战营的人员和装备以及 28 架 ~ 36 架不同类型的直升机。必要时还可载 AV-8B 型战斗轰炸机，10 艘不同类型的登陆艇或 45 辆两栖车辆。该级舰共 4 艘服役。20 世纪 80 年代中期，美国又开始建造更大的"黄蜂"号通用两栖攻击舰。

法国海军自 2010 年开始拥有西北风级两栖攻击舰，可以运载 16 架以上 NH-90 直升机或虎式武装直升机和 70 辆以上车辆（其中包含 13 辆主战坦克的运载 / 维修空间），船上还包含 900 名陆战队员的运载空间。

随着国外新一代两栖舰的陆续建成服役，两栖攻击舰进入了一个全新的发展阶段，其未来发展方向也更加明朗，主要体现在以下几个方面。一是大型化、通用化和系列化的趋势更加明显。传统的两栖攻击舰满载排水量大多在 1 万吨上下，而新一代两栖攻击舰满载排水量都在 2 万吨左右。二是信息化程度更高，编队作战指挥能力更强。三是新一代两栖攻击舰更加重视综合防御，生存能力进一步提高。

此外，新一代两栖攻击舰也非常重视水下防御。几乎所有的新一代两栖攻击舰都装备了鱼雷诱饵、水声对抗设备等。而且，新一代两栖攻击舰也可以利用反潜直升机实施对潜作战。

▲ 美国"塔拉瓦"号两栖攻击舰

▲ 法国西北风级两栖攻击舰

导弹艇简史

1959 年，苏联首先将"冥河"舰对舰导弹安装在拆除了鱼雷发射管的 P6 级鱼雷艇上，改制成蚊子级导弹艇。这是世界上最早的导弹艇。它的满载排水量为 75 吨，装有 2 枚导弹。

导弹艇诞生后，由于其具有造价低、威力大的特点，一些国家纷纷装备使用。而一些西方大国则嘲笑它是"穷国的武器"。

1967 年 10 月 21 日，第三次中东战争中的埃及海军用苏制蚊子级导弹艇一举击沉了以色列 2500 吨级的"埃拉特"号驱逐舰。这是海战史上首次导弹艇击沉军舰的战例，它显示了导弹艇具有小艇打大舰的作战能力，震惊世界。

从此，那些曾轻视导弹艇的人也不得不重新认识它了。在 1973 年 10 月的第四次中东战争中，以色列的萨尔级和雷谢夫级导弹艇成功干扰了埃及和叙利亚导弹艇发射的几十枚"冥河"导弹，使其无一命中；同时使用"加布里埃尔"舰对舰导弹和舰炮，击沉击伤对方导弹艇 12 艘。这是导弹艇击沉同类艇的首次战例，它显示了导弹艇和其他舰艇应向加强电子战方向发展的大趋势。

这些海战的经验引起了各国海军的重视，于是竞相发展导弹艇，增强它的电子干扰和反电子干扰能力。到 20 世纪 80 年代初，已有约 50 个国家拥有各型导弹艇约 750 艘。

▲ 苏联蚊子级导弹艇

▲ 挪威盾牌级导弹艇

▲ 飞马座级导弹艇

▲ 罗森级导弹艇

▲ 军刀级导弹艇

　　1977—1982 年有 6 艘飞马座级导弹艇进入美国海军大西洋舰队服役。总计 6 艘服役艇全部划归大西洋舰队使用。它的最高航速达到 48 节，舰装 2 座 4 联发"鱼叉"反舰导弹。

　　土耳其与希腊之间为了争夺爱琴海东部岛屿的主权，从 20 世纪 70 年代起，两国组建了阵容强大的高速导弹攻击艇舰队——希腊有 1998 年入役的罗森级导弹艇，土耳其有 2005 年入役的军刀级导弹艇。二者主要担负对海突击和水面巡逻任务，此外还能很好地执行护渔、护航、布雷和反恐等任务，具有较高的任务弹性，是有效的近海多用途作战平台。

　　2006 年，在挪威海军服役的盾牌级隐身导弹艇采用具有开创性的半气垫船、半双体船设计，使其速度可以达到惊人的 60 节。

　　根据世界各国导弹快艇发展情况来看，现代导弹快艇向着下列两个方向发展：首先要增强导弹快艇的攻击威力和自卫能力；其次要提高导弹快艇本身的性能，包括续航距离、航速、机动性及海上航行性能。

扫雷舰艇简史

早在 20 世纪初日俄海战中，交战双方都使用了由辅助船只改装的扫雷舰艇。1909 年俄国首先研制了"雷索"号和"爆破"号扫雷舰。

一战期间，为应对锚雷的威胁，交战各国相继建造了 2000 余艘大、中型装有接触扫雷具的扫雷舰。

二战中，扫雷舰艇上相继装备了磁扫雷具和声扫雷具。参战的扫雷舰艇多达 2300 余艘。

战后，随着电子技术的迅速发展及其在水雷武器方面的应用，新型水雷的不断出现和发展，对扫雷舰艇的防雷和扫雷性能提出更高要求——普遍采用低磁、无磁材料，以及无磁、低磁、低振动和低噪声的动力装置和机械设备，装备新型舰艇消磁装置，研制新型扫雷具和探雷设备，建造新型扫雷舰艇。

20 世纪 70 年代，有些国家海军又研制了气垫扫雷艇、玻璃钢船体结构的扫雷艇，以及艇具合一式扫雷艇和遥控扫雷艇，很多新造的扫雷舰上还装有探雷设备，其防雷、扫雷性能有较大提高。

日本十分注重扫雷舰艇的研制与使用。浦贺级扫雷舰是目前日本海上自卫队中吨位最大的扫雷舰艇，标准排水量超过 5600 吨，为扫雷舰艇群的旗舰。其首舰于 1995 年开工，1997 年组成舰队。

娜佳 I 级远洋扫雷舰是俄罗斯迄今为止大规模部署的最新一级远洋扫雷舰，适用于扫除磁性水雷、音响水雷、机械水雷等多种水雷。由于该级舰在扫雷方面的先进性，还曾出口印度、利比亚、叙利亚等国。

▲ 娜佳 I 级远洋扫雷舰

补给舰简史

海上补给方式的大规模应用是在二战太平洋战场。当时，随着同盟国军队战线的推进，战役结束后，舰队会返回澳大利亚、夏威夷补给休整，这拉大了战役间隔时间，物资利用效率下降，同时也给轴心国休整、补充、加强防线留出了时间。

随着美国工业转入战时机制，其武器、物资生产能力大幅度提高，军队动员人数也大大增加，客观上已经具备支持连续作战、加快战争进程的条件，因此，改革舰队返回母港补充的模式势在必行。于是，依靠专门的补给船队的补给方式诞生。

二战时期的补给方式还是落后的，主要是油水软管补给，弹药等干货补给还是依靠舰队靠泊补给锚地，按船—陆地（岛礁）—舰队的方式进行——当时没有垂直补给条件（直升机）。为夺取合适的浅滩、避风的锚地、环礁，美国还专门组织了多次战役。由于补给方式改革，战役频率、持续时间和密度也大大增加，轴心国日本已经没有时间和能力加强防御了。

战后，补给舰得到发展，已经可以进行纵向（钢缆）、横向（钢缆）、垂直（直升机）综合补给，物资也涵盖了干货、液货。

鱼雷艇简史

鱼雷艇的诞生源于美国南北战争（1861—1865）时的水雷艇。当时还没有鱼雷，水雷艇艇部突出一根长长的撑杆，撑着水雷向敌舰猛烈撞击，将敌舰炸毁。1864 年，北军的水雷艇就靠这种办法炸沉了南军的"阿尔比马尔"号装甲舰。

1866 年，在奥匈帝国工作的英国工程师怀特黑德发明了世界上第一枚能够自动航行的水雷。由于它能像鱼一样在水中运动，因而被称为鱼雷。鱼雷艇是后来制造的专门用来发射鱼雷的舰艇。

▲ 美国萨克拉门托级综合补给舰侧视图

▲ 刘易斯和克拉克级 T-AKE 干货弹药补给舰

▲ 意大利鱼雷艇 MAS 528 在拉多加湖上

▲ 全速巡航的美军 PT-105 鱼雷艇

1877 年，英国制造出了专门发射鱼雷的鱼雷艇"闪电"号，并将其命名为"海军的 1 号鱼雷艇"。该艇在风平浪静的海面上具有 19 节的航速，而其所装备的鱼雷则以 18 节的航速航行 584 米。

　　此后，希腊、德国、意大利、日本等国的海军都拥有了鱼雷艇。1878 年 1 月 26 日，俄国鱼雷艇首次成功使用"白头"鱼雷，在 70 米距离上击沉了排水量 2000 吨的土耳其炮舰"英蒂巴"号。鱼雷艇创造了小艇打大舰的奇迹，越来越引起人们的重视。此后，欧洲各国海军都相继制造和装备了鱼雷艇，鱼雷艇的性能也不断得到改善。

　　在一战中，鱼雷艇取得了较大战果。1918 年 6 月 10 日，两艘意大利鱼雷艇用两发鱼雷就击沉了奥匈帝国的万吨级战列舰"森特·伊斯特万"号。

　　二战及之后的几次中东战争、马岛战争表明，对于水面舰艇来说，鱼雷比导弹具有更大的威慑力。现代鱼雷在发射时，隐蔽性比导弹更高，并且具有导弹所不具备的二次甚至多次攻击能力，加上尾流制导的不可对抗性，使鱼雷艇在能够隐蔽出航（主要是依托岛礁、洞库）的情况下攻击近岸的水面舰艇，且具有无可比拟的优势。

　　随着现代化探测和作战手段的日益发展，鱼雷艇隐蔽出击的作战优势日益降低。导弹艇出现后，鱼雷艇的作用有所下降。但鱼雷艇具有打击威力大、建造容易、周期短、造价低等优点，加之鱼雷性能不断提高，舰艇隐身技术的发展，鱼雷艇仍被不少国家用于近海防御。

▲ 德国 S 艇

COUNTY-CLASS
郡级登陆舰（美国）

■ 简要介绍

郡级登陆舰是美国二战中建造的一种郡级战车登陆舰，排水量为标准 1653 吨，满载 4080 吨，其坦克舱可载运一个连 17 辆战车或两栖登陆车，由两部双轴柴油主机推进，航速 11 节。总建造数量高达 1052 艘，该级舰被广泛应用于太平洋战场和欧洲战场。战斗中有 26 艘被击沉，13 艘因风浪和意外事故损失。

■ 作战性能

郡级登陆舰，美军私下戏称其为大型慢速靶标，可知其在战场敌人炮火下的脆弱性。在抢滩时，舰艇大门会往左右打开并放下跳板，让车辆直接由坦克舱内驶出，而主甲板上亦可停放多部车辆，经由可上、可下、可收放的斜坡向舱门外驶出。该登陆舰上，一般都拥有 40 厘米双管机炮两座、单管的六座、20 厘米单管机炮八座。

基本参数	
舰长	98.37米
舰宽	15米
吃水	4.2米
满载排水量	4080吨
航速	11节
舰员编制	26人
动力系统	2台柴油主机

▲ 停靠在诺曼底的郡级登陆舰

▲ 诺曼底登陆期间，美军的郡级登陆舰正在运送物资

知识链接 >>

1943 年 11 月，英、美、苏三国达成协议，美、英在德国北部进行大规模登陆战，在欧洲开辟第二战场。1944 年 6 月 5 日凌晨开始登陆作战。6 时 30 分，英军第一批登陆部队士兵跳出郡级登陆舰的艏门，登上诺曼底海岸。登陆舰的大门打开了，一辆辆坦克登上了滩头。1 小时后，美军第一批登陆部队占领了滩头阵地。诺曼底登陆战成了海战史上最大规模登陆战。

PT BOAT

美国 PT 艇（美国）

■ 简要介绍

美国 PT 艇是一种鱼雷快艇，PT 指"鱼雷巡逻艇"，被美国海军在二战中用来攻击较大型水面舰。PT 艇中队被称为"蚊子舰队"，而日军称它们为"恶魔艇"。

■ 研制历程

二战中使用的 PT 艇采用滑行式船体。在20 世纪 30 年代末，美国海军要建造新型鱼雷艇。第一份订单于 1939 年 5 月 25 日下给了希金斯工业，分别是 PT 5 和 PT 6。1939 年 6 月，订单下给芙戈船场公司，制造 PT 1 和 PT 2，而费雪船舶工厂则制造 PT 3 和 PT 4。同时，费城海军造船厂开始生产由船舶局设计的 PT 7 和 PT 8。结果，进行生产后发现，这些设计都达不到海军所期待的性能。

美国海军决定购买一艘英国埃尔科公司研发的先进 MTB 鱼雷艇。1939 年 9 月 5 日，这艘鱼雷艇抵达了美国。鱼雷快艇进行了航行测试，让海军高层十分满意，英国埃尔科公司成了美国海军新型鱼雷艇的制造商。

基本参数	
艇长	各型不同21米~26米
艇宽	各型不同
吃水	各型不同
满载排水量	各型不同
主要武器	4枚21英寸（53厘米）鱼雷
续航力	各型不同
动力系统	各型不同

▲ 高速航行的 PT 艇

PT 艇作战是利用相对较快的速度，趋近较大的战斗船舰，再用鱼雷进行打击。因其体形较小，不易被发现，可避免被炮火击中。鱼雷快艇和传统鱼雷艇相比，速度更快，体形更小，且更便宜。在二战中，美国的 PT 艇和敌方的驱逐舰及其他各种不同水面舰艇都作过战——从小型船艇到大型的补给舰。PT 艇也被用作炮艇来攻击敌人小型船舰，如日军用来在岛屿间运输的装甲驳船。

知识链接 >>

德国推出的鱼雷快艇，给同盟国海军舰艇及补给船造成了巨大威胁。但美国军方对这种"小玩意儿"没有多大兴趣，虽然他们的快艇技术处于领先地位，但没有运用到鱼雷快艇的研发中去。事情的转机发生在 1937 年，驻守在菲律宾的麦克阿瑟将军，发现了这种小型舰艇在实战中的突出作用，这才要求海军在菲律宾组建一支快艇小队。

▲ 系泊中的 PT 艇

IWO JIMA-CLASS
硫黄岛级两栖攻击舰（美国）

■ 简要介绍

硫黄岛级两栖攻击舰是世界上首款专为两栖垂直攻击作战而设计建造的战舰，其最大优点就是可以利用直升机输送登陆兵、车辆或物资进行快速垂直登陆，在敌纵深地带开辟登陆场。该级舰外形上很像直升机母舰，从艏至艉设有高干舷和岛式上层建筑以及飞行甲板，无船坞设施。甲板下有机库，还有飞机升降机。该级舰中有 6 艘舰参加过海湾战争，"的黎波里"号曾在战争中被水雷击中，但很快就恢复了作战能力。进入 20 世纪 90 年代以后，该级舰逐步被黄蜂级取代。

■ 研制历程

硫黄岛级舰共 7 艘，首舰 LPH–2 "硫黄岛"号于 1959 年 4 月在普吉特湾造船厂动工建造，1961 年 8 月正式服役。7 号舰 LPH–12 "仁川"号于 1970 年 6 月建成服役。其余同级舰分别是：LPH–3 "冲绳岛"号、LPH–7 "瓜达尔卡纳尔"号、LPH–9 "关岛"号、LPH–10 "的黎波里"号、LPH–11 "新奥尔良"号。

基本参数	
舰长	183.7米
舰宽	31.7米
吃水	9.7米
满载排水量	18798吨
航速	23节
续航力	10000海里（航速20节）
舰员编制	686人
动力系统	1台威斯汀豪斯蒸汽轮机 2台燃烧公司锅炉

▲ 硫黄岛级两栖攻击舰后侧视图

可装载 1 个直升机中队，28 架 ~ 32 架，包括 1 架 CH-46（或 4 架 CH-53）、20 架 CH-46（或 11 架 CH-53）直升机，必要时可载 4 架 AV-8A 型飞机。

可运载 1 个海军陆战队加强营，约 1700 名人员及其武器、装备和辎重，装卸时间一般为 6 小时 ~ 10 小时，具有较强的垂直登陆能力。舰上还设有一个拥有 300 张床位的医院。

知识链接 >>

两栖攻击舰，也称为两栖突击舰。它能够搭载飞机和运输坦克、登陆部队等陆战力量，所以它的内部设计异于航母，很多空间用于装备登陆力量。它是一种用来在敌方沿海地区进行两栖作战时，在战线后方提供空中与水面支援的军舰，可以提供舰载机的起飞和降落，在海军的地位仅次于航空母舰。这种军舰由直升机航空母舰发展而来，但是大部分结合了船坞登陆舰的坞舱设计。

▲ 硫黄岛级两栖攻击舰

SACRAMENTO-CLASS

萨克拉门托级综合补给舰（美国）

■ 简要介绍

　　萨克拉门托级综合补给舰是世界首级综合补给舰，迄今为止，它仍是世界最大、航速最高的综合补给舰。其主要使命是伴随航空母舰特混舰队一起活动，为编队舰艇提供燃油、弹药、粮食、备品等各种消耗品的航行补给，使舰队能够长时间远离基地坚持在海上活动，随时执行任一指定任务。

■ 研制历程

　　20 世纪 50 年代初，美国海军的航行补给船都是二战时留下来的船只，这些船虽能提高航空母舰特混舰队的机动作战能力，但尚有不少缺点。首先航速较低，其次每艘船携带的补给品品种单一。战斗舰艇要补足所需补给品，必须分别与多艘补给船会合，使舰艇处于易遭敌方攻击的被动状态。

　　20 世纪 50 年代末，美国海军着手研究、试验发展一种航速高、补给快的补给船。20 世纪 60 年代，美国海军研制成多种物品航行补给船萨克拉门托级，它把油船、军火船和军需船的使命全部集中到一艘船上，美自称其为"高速战斗支援舰"。

　　萨克拉门托级综合补给舰共建 4 艘，除第 2 艘由纽约造船厂建造外，其余 3 艘均由普吉特海峡海军船厂建造。

基本参数	
舰长	241.7米
舰宽	32.6米
吃水	12米
满载排水量	53600吨
航速	26节
续航力	10000 海里（航速17 节）
舰员编制	601人

▲ 萨克拉门托级综合补给舰侧视图

■ 作战性能

　　萨克拉门托级综合补给舰的上层建筑分设在船前后两部分，驾驶室、军官住舱、医院设在前部上层建筑内，士兵住舱、火控室、机库等设在后部上层建筑内。前后上层建筑之间是补给作业区，舰艉部有直升机平台。船上可带3架UH-46"海上骑士"直升机，但通常配备2架UH-46E"海上骑士"直升机用于垂直补给。

知识链接 >>

　　补给舰主要用于向航母战斗编队、舰船供应正常执勤所需的燃油、航空燃油、弹药、食品、备件等补给品，是专门用来在战斗中帮助队友的船舰。海上补给方式的大规模应用是在二战太平洋战场。随着美国工业转入战时机制，武器、物资生产能力大幅度提高，军队动员人数也大大增加，客观上已经具备支持连续作战、加快战争进程的条件，于是，依靠专门的补给舰队的补给方式诞生。

▲ 作业中的萨克拉门托级综合补给舰

奥斯汀级船坞登陆舰（美国）

■ 简要介绍

奥斯汀级船坞登陆舰是美国 20 世纪 60 年代建造的两栖船坞登陆舰，并作为回收船全程参加了"阿波罗 12"太空计划和"阿波罗 14"及"阿波罗 15"计划的部分回收工作。它同时也是一系列远征战斗系统进入舰队的试验平台。2000 年后逐渐退役，其中两艘以每艘 5000 万美元的价格售予印度，目前母港设于印度维沙卡帕特南。该级舰为拉利级船坞运输舰的放大版，其各舰之间在结构、武器装备和电子设备上存在诸多不同。作为旗舰的 LPD7-13 号安装有附加舰桥。

■ 研制历程

奥斯汀级两栖船坞登陆舰在 1965 年 2 月 6 日被批准建造，"奥斯汀"号是这级舰艇的首舰。奥斯汀级船坞登陆舰一共建造了 11 艘。它们的名称与舷号依次是："奥斯汀"号（LPD4）、"奥格登"号（LPD5）、"德鲁斯"号（LPD6）、"克利夫兰"号（LPD7）、"杜比克"号（LPD8）、"丹佛"号（LPD9）、"朱诺"号（LPD10）、"施里夫波特"号（LPD12）、"纳什维尔"号（LPD13）、"特林顿"号（LPD14）、"庞塞"号（LPD15）。

基本参数

基本参数	
舰长	173.8米
舰宽	30.5米
吃水	10米
满载排水量	17244吨
航速	21节
续航力	6650海里（航速20节）

■ 作战性能

武器装备：（1）火炮——2 部 MK15 型密集阵近程防御系统，2 门 25 毫米 MK38 炮，8 挺 12.7 毫米口径机枪；（2）诱饵——4 部"洛拉尔·海柯尔"SRBOC6 管 MK36 干扰诱饵发射装置；（3）直升机——最多可搭载 4 架波音 CH-46D / E"海骑士"运输直升机，1 架轻型直升机使用的机库。

▲ 奥斯汀级船坞登陆舰后视图

知识链接 >>

　　奥斯汀级船坞登陆舰上的 MK15 型密集阵近程防御系统，又译为方阵近迫武器系统，通称密集阵近防系统。泛用于美国海军及 20 个以上盟国海军的各级水面作战舰艇上，是一种以反制导弹为目的而开发的近程防御武器系统，最早由通用动力公司波莫纳厂制造，目前由雷声公司制造。目前装备在了美国的阿利·伯克级驱逐舰、尼米兹级航母和各种登陆舰上。

▲ 奥斯汀级船坞登陆舰正视图

25

HAMILTON-CLASS
汉密尔顿级巡逻舰（美国）

■ 简要介绍

汉密尔顿级巡逻舰是美国海岸警卫队现役最大的巡逻船只。作为海岸警卫队的中坚力量，巡逻舰扮演着非常重要的角色，而且还直接参与作战行动。按照从日常到战时情况的不同，汉密尔顿级巡逻舰的使命任务也多种多样，主要分为以下三个方面：一是执行远程海上搜救、海洋研究等；二是执行海洋法，也叫执行海事法职能，包括保护海洋资源、阻止毒品从南美洲流入美国、打击非法移民，以及检查进出美国的船舶是否遵守安全法规等；三是保持军事存在、武装戒备，乃至直接参与作战行动。

■ 研制历程

汉密尔顿级巡逻舰的首舰"汉密尔顿"号于1965年12月18日在路易斯安那州新奥尔良附近的埃文代尔造船厂下水，1967年3月18日正式服役，母港在加利福尼亚州的圣迭戈。

美国海岸警卫队最初计划建成32艘同级舰，但在建成12艘后便停止了，最后一艘"米德盖特"号于1972年正式交付使用。这12艘汉密尔顿级巡逻舰均由新奥尔良的埃文代尔造船厂承建。

基本参数	
舰长	115米
舰宽	13米
吃水	4.6米
满载排水量	3250吨
航速	29节
最大航程	14000海里
舰员编制	167人
动力系统	2台双涡轮增压柴油发动机 2台普惠FA-4A燃气涡轮发动机

▲ 汉密尔顿级巡逻舰侧视图

　　汉密尔顿级巡逻舰舰艏甲板上装有 1 座～2 座奥托·梅莱拉 76 毫米舰炮，由 MK92 火控系统提供控制，主要用于防空作战，也可用于对海攻击。舰艉装有一座 MK15 密集阵近程防御系统，用于近程对空防御，可拦截来袭飞机和反舰导弹等目标，每分钟射速高达 3500 发。舰上备有 2 挺 12.7 毫米机枪和安装在左右两舷靠后部位的 2 座 MK38 型 25 毫米火炮，它们可共同完成对近距离目标的反击防守任务。

知识链接 >>

　　汉密尔顿级巡逻舰的舰尾设有大型直升机甲板（平台），配有一个伸缩式机库，可搭载一架海岸警卫队的 HH-65 型"海豚"直升机或美国海军的 SH-2F 型直升机。当直升机起飞或降落时，机库外壳整体向前收缩进上层建筑之内，露出直升机起降平台；当直升机在起降平台停稳并不再起飞活动后，机库外壳伸出构成机库，以保护直升机免受海上恶劣环境的侵蚀或进行维护保养等。

▲ 汉密尔顿级巡逻舰正视图

NEWPORT-CLASS

新港级坦克登陆舰（美国）

■ 简要介绍

新港级坦克登陆舰是美国海军于20世纪60年代末研制成功的新型登陆舰。该级舰在舰型上有所创新，放弃了传统的艏跳板形式，采用了细长的舰型。艏部水线以下线型尖削，以利于提高航速。其上层建筑从艉部移到舯前，使驾驶室和指挥台等部位的视界大为改善，有利于驾驶操作和登陆指挥。该级舰代表坦克登陆舰的较高水平，引起了许多国家海军的重视。该级舰建成服役后，其中有些舰经过现代化改装，有14艘舰参加过1991年的海湾战争。1994年，澳大利亚和西班牙各买走2艘新港级坦克登陆舰。

■ 研制历程

20世纪50年代末到20世纪60年代初期，美国海军提出了"发展20节登陆战舰艇"的计划，要求所有登陆战舰的航速和担任护航任务的战斗舰艇的巡航速度相适应，使整个登陆编队的航渡速度达到20节。为达到这个要求，美国海军于20世纪60年代末开始研制新型新港级坦克登陆舰。该级舰共建20艘，于1969年6月至1972年8月先后服役。

基本参数	
舰长	159.2米
舰宽	21.2米
吃水	5.3米
满载排水量	8450吨
航速	20节
动力系统	6台ARCO16-251型柴油机

■ 作战性能

该级舰装有2座双联装MK33型76毫米炮，1座MK15型6管20毫米密集阵近程防御系统。该级舰的电子设备有1部SPS67型对海搜索雷达，1部LN66型或CRP3100型导航雷达。该级舰可运载坦克和车辆，共计500吨；3艘车辆与人员登陆艇，1艘大型人员登陆艇；400名海军陆战队队员。

▲ 正在作业中的新港级坦克登陆舰

ANCHORAGE-CLASS
安克雷奇级船坞登陆舰（美国）

■ 简要介绍

安克雷奇级船坞登陆舰主要用来补充船坞运输舰和两栖攻击舰所携带登陆艇的不足。本级舰虽然建造年代较早，但有其独特之处。坞舱从舰艏五分之一处开始，一直到舰艉。坞舱两侧坞墙为舷舱，宽约 5 米，主要布置住舱、贮藏舱和压载舱等。

■ 研制历程

安克雷奇级船坞登陆舰共建造 5 艘，LSD-36"安克雷奇"号于 1967 年 3 月开工，1968 年 5 月下水，1969 年 2 月 20 日服役。LSD-37"波特兰"号于 1967 年 9 月开工，1969 年 12 月下水，1970 年 10 月 3 日服役。LSD-38"彭萨科拉"号于 1969 年 3 月开工，1970 年 7 月下水，1971 年 3 月 1 日服役。LSD-39"弗农山"号于 1970 年 1 月开工，1971 年 4 月下水，1972 年 4 月 1 日服役。LSD-40"费希尔堡"号于 1970 年 7 月开工，1972 年 4 月下水，1972 年 12 月 9 日服役。

基本参数	
舰长	168.6米
舰宽	25.6米
吃水	6米
满载排水量	13700吨
最高航速	22节
舰员编制	374人
动力系统	2台蒸汽轮机

■ 作战性能

武器装备：2 座 MK15 型密集阵近程防御系统，2 座 MK38 型 25 毫米舰炮，6 挺 12.7 毫米机枪。指挥控制：SSR-1、WSC-3（UHF）卫星通信系统。雷达：SPS-40B 型对空搜索雷达，SPS-67（V）1 型对海搜索雷达，SPS-64（V）9 型导航雷达。电子战装备：4 座 MK36 型 6 管 SRBOC 诱饵发射装置，AN/SLQ-32（V）1 型或 AN/SLQ-32（V）2 型电子战系统。装载能力：366 名登陆人员；3 艘气垫登陆艇（LCAC），或 18 艘 LCM-6 型机械化登陆艇，或 9 艘 LCM-8 型机械化登陆艇，或 50 辆两栖装甲输送车（LVT）；2 艘人员登陆艇（LCPL）和 1 艘车辆登陆艇（LCVP）（在吊艇架上）；90 吨航空燃油；设有直升机起降平台。

▲ LSD-37 "波特兰"号后视图

▲ LSD-39 "弗农山"号

BLUE RIDGE-CLASS

蓝岭级两栖指挥舰（美国）

■ 简要介绍

蓝岭级两栖指挥舰是美国海军隶下的一型两栖登陆指挥旗舰（LCC）。本级舰共两艘，首舰"蓝岭"号，次舰"惠特尼山"号，两舰均于20世纪70年代初服役。本级舰可作为美国海军两栖远征舰队旗舰，在两栖作战中提供战场通信中继、资料处理、情报分析、电子对抗与指挥决策等支援。本级舰直接以硫黄岛级两栖攻击舰的舰体改造而成，舰上空间充裕，甲板面积广阔，可随局势变化更新改变舰上指挥舱室和电子系统，宽敞的甲板也可随时架设各种天线仪器。

■ 研制历程

20世纪60年代，美军在二战时期建造的阿巴拉契亚级登陆指挥舰性能已经落伍，其改装自货轮的舰体最大航速只有17节，完全无法满足美国两栖舰队航速至少20节以上的需求。因此，美国海军在20世纪60年代对硫黄岛级两栖攻击舰的舰体设计进行修改，建造了蓝岭级两栖指挥舰。美国海军原本计划建造第三艘，可担任舰队指挥与两栖作战指挥，但由于航速跟不上现代化作战舰队而取消。

基本参数	
舰长	194米
舰宽	25米
满载排水量	18372吨
航速	23节
续航力	13000海里（航速16节）
舰员编制	842人
动力系统	1台蒸汽轮机

■ 作战性能

舰上除了操作船舰的842名人员之外，还搭载200名以上的军官以及约500名士兵。本级舰舰艉的直升机停机坪可以停放除了CH-53外的任何美国海军直升机，但是舰上没有机库与直升机维护设施。

本级舰最初只拥有2门双联装MK33型76毫米舰炮，1974年加装2座MK25型

BPDMS 防空导弹，20 世纪 80 年代又换装 2 座 MK15 型密集阵近程防御系统。冷战结束后，只保留 MK15，其余的全拆除；在 21 世纪初，因沿海环境可能遭遇的敌方小型快艇攻击，在舰上增设 4 门 MK38 型 25 毫米机炮与 12.7 毫米重机枪。舰艇中段设有小艇的吊挂 / 收放平台，能携带 4 艘 LCVP / LCPL 人员登陆艇。

知识链接 >>

"蓝岭"号作为一艘专用舰队指挥舰，其优良性能突出表现在强大的指挥控制功能上。按照美国海军的指挥体制，"海军指挥控制系统"由"舰队指挥中心"和"旗舰指挥中心"共同组成。"舰队指挥中心"是设在岸上的陆基指挥所，"旗舰指挥中心"就是像"蓝岭"号这样的，位于作战海域的海上指挥控制舰。

USCGC POLAR STAR (WAGB-10)
"北极星"号破冰船（美国）

■ 简要介绍

"北极星"号破冰船隶属于美国海岸警卫队，与"希利"号、"北极海"号共同组成美国海岸警卫队的中型极地破冰船队。其中"北极海"号和"北极星"号均是从 20 世纪 70 年代起服役至今的破冰"老兵"。

■ 作战性能

"北极星"号为了克服高纬航行操作的困难，使用了四种不同的电子导航方式，另有一个计算机动力管理系统，能有效地管理六个柴油动力发电机、三个燃气轮机、三个船只服务发电机以及其他保障船只平稳运行的设备。由于自动化设备的广泛使用，大大减少了人员数量的要求。

"北极星"号拥有足够的船体强度，以吸收破冰操作时的巨大能量。船体和相关的内部支撑结构由耐低温性能相当强的钢制造。船体结构设计目的是最大限度地有效利用船只动能破冰。

基本参数	
舰长	122米
吃水	9.2米
满载排水量	13842吨
航速	3节（1.6米冰层）
续航力	16000海里（航速18节）
动力系统	柴燃交替 CODOG

▲ "北极星"号破冰船侧视图

■ 设计结构

　　"北极星"号的船体结构设计目的是最大限度地有效利用船只动能破冰。通过重力向下拉动船艏及船艉的浮力推动，弓弧可以让"北极星"号开上冰面并利用船身重量压碎冰层。通过这种坚固的船体和高功率的驱动，13842吨的"北极星"号能够撞破厚达6米的冰层。

知识链接 >>

　　破冰船是用于破碎水面冰层，开辟航道，保障舰船进出冰封港口、锚地，或引导舰船在冰区航行的勤务船，分为江河、湖泊、港湾或海洋破冰船。破冰时，艏部压挤冰层在行进中连续破冰或反复突进破冰。第一艘极地破冰船是由俄国人设计、1899年英国为俄国建造的"叶尔马克"号。

▲ 正在进行破冰作业的"北极星"号破冰船

埃默里·兰德级潜艇维修供应舰（美国）

■ 简要介绍

　　埃默里·兰德级是美国海军为了给攻击型核潜艇提供服务而专门设计建造的一级潜艇维修供应舰，用于支援洛杉矶级核动力攻击型潜艇，是世界先进的潜艇维修供应舰。舰体采用长艏楼船型，长艏楼从船艏几乎延伸到舰艉。舰部有直升机平台，主要用作垂直补给，无机库。舰体采用纵骨架结构。全舰有 13 层甲板，8 台升降机，4 台货物垂直传送机，4 台起重机（1 台在烟囱的前面，位于舰中心线上，起重力 30 吨），两舷各有 1 台可移动旋转式起重机。

■ 研制历程

　　埃默里·兰德级潜艇维修供应舰是美国海军 20 世纪 60 年代后期建造的两艘斯皮尔级潜艇维修供应舰的改进型，排水量、主尺度及主要设备与斯皮尔级相同，但舰内舱室布置及部分设备与斯皮尔级有所不同。此级舰共 3 艘，均由洛克希德造船和结构公司建造。首舰"埃默里·兰德"号于 1976 年 3 月开工，1979 年 7 月服役。最后一艘"麦基"号则于 1981 年 8 月服役。

基本参数	
舰长	196.2米
舰宽	25.9米
吃水	8.7米
满载排水量	23493吨
航速	20节
续航力	10000海里（航速12节）
舰员编制	535人
动力系统	1台蒸汽轮机 2台锅炉

▲ 系泊中的埃默里·兰德级潜艇维修供应舰

　　埃默里·兰德级潜艇维修供应舰上有专为洛杉矶级潜艇提供服务的修理车间和供应品仓库。有50多个修理车间，其中最大的修理车间长30米，宽度与舰宽相同，内有车、刨、磨、铣、钻、镗等多种机床，可加工任何部件。车间顶部装有单接轨道和移动吊车，可将重物从靠帮的潜艇吊运进车间。车间的前后上下有多个专用小车间及各种备件贮藏室。舰内货物搬运便捷，有一套专门设计的舰内综合搬运系统。

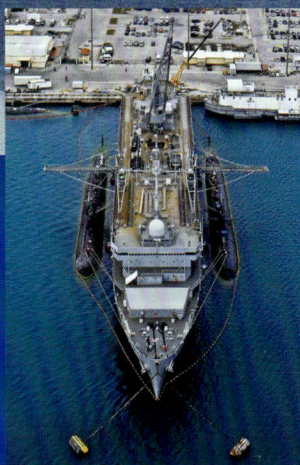

正在同时为两艘潜艇维护的埃默里·兰德级潜艇维修供应舰

知识链接 >>

　　维修供应舰是专门用于在海上对舰艇进行维护修理和物资供应保障的勤务舰船。可随同作战舰艇编队，对舰艇实施损伤修理、紧急抢修和物资补给等。分为综合维修供应舰和专门维修供应舰。综合维修供应舰可对水面战斗舰艇、潜艇进行综合修理和补给；专门维修供应舰可对驱逐舰、潜艇等进行专项维修和供应等。

TARAWA-CLASS

塔拉瓦级通用两栖攻击舰（美国）

■ 简要介绍

塔拉瓦级通用两栖攻击舰是美国海军的两栖作战舰艇，外观如同航空母舰，舰内除直升机机库外，还备有船坞登陆舰那样的登陆艇用船坞，可作为直升机攻击舰、两栖船坞运输舰、登陆物资运输舰和两栖指挥舰使用，能完成4或5艘登陆运输舰的任务。同时，由于该级舰将登陆兵力及其装备、直升机、登陆艇和车辆等按比例装载在一艘舰上，故可避免一艘专用运输舰被击沉而丧失登陆部队作战能力，从而提高了其作战效率。

▲ 塔拉瓦级通用两栖攻击舰甲板下是机库，机库下是巨大的坞舱，可运送登陆艇和气垫式登陆船

■ 研制历程

世界上首级真正的两栖攻击舰——硫黄岛级没有携带通用登陆艇，限制了其两栖作战能力。鉴于此，美国海军于20世纪70年代开始建造功能更齐全的塔拉瓦级通用两栖攻击舰。

该级舰一共建造5艘。第一艘舰"塔拉瓦"号于1971年11月15日开工，1976年5月29日服役，后4艘舰分别于1977—1980年服役，均在英格尔斯船厂建造。在20世纪90年代初，该级舰进行了现代化改装，例如用密集阵近程防御系统代替了MK25"海麻雀"导弹发射装置，安装了RAM反辐射导弹发射装置等。

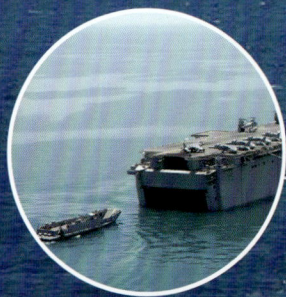

基本参数

舰长	250.2米
舰宽	40.2米
吃水	7.9米
满载排水量	39300吨
航速	24节
续航力	10000海里（航速20节）
舰员编制	930人
动力系统	2台威斯汀豪斯公司的蒸汽轮机 4台蒸汽轮机交流发电机

■ 作战性能

舰载武器：2座通用动力公司的反辐射防空导弹发射装置（每座备弹21枚）；2门MK45Mod.11 27毫米火炮；6门MK242型25毫米机炮；2座MK15型6管20毫米密集阵近程防御系统；19架CH-53D"海上雄马"或26架CH-46D/E"海上骑士"直升机。

军运能力：1703 名陆战队队员；4 艘 LOU1610 型通用登陆艇；2 艘通用登陆艇和 2 艘 LCM8 机械化登陆艇；17 艘 LCM6 机械化登陆艇；45 辆履带式登陆车；4 艘大型人员登陆艇，另可带 1 艘气垫登陆艇；1200 吨航空燃油。

知识链接 >>

塔拉瓦原是中太平洋上一个无名气的珊瑚岛礁，二战期间，该地被日本占领。比托岛是日军在塔拉瓦岛最重要的防御核心岛屿，在岛中部筑有机场，是日军在该群岛唯一的轰炸机机场。它位于美军对日战略反攻的轴线上。1943 年 11 月 20 日，美国调集重兵发动塔拉瓦战役，进行了一场十分惨烈的两栖作战，3 日后攻占该岛。美军伤亡达 1500 余人，战斗相当惨烈。

PEGASUS-CLASS

飞马座级导弹艇（美国）

■ 简要介绍

　　飞马座级为全浸式自控双水翼燃气轮机和喷水推进导弹艇，是美军唯一一型导弹艇。其最快速度高达48节，是美国海军各型舰艇中速度最快的作战舰只。其具有优良的耐波力、机动性、隐蔽性、抗沉性和载荷能力，主要对水面舰船实施攻击，对沿海水域进行监视、巡逻和封锁，以及实施阻击和其他作战任务。

■ 研制历程

　　飞马座级导弹艇从1973年开始建造，首艇"飞马座"号于1977年投入使用。美国海军原本计划建造30艘，结果只造了6艘，转而去建大舰了。这6艘分别是：飞马座、大力士、金牛座、天鹰座、白羊座、双子座。

▲ 飞马座级导弹艇

基本参数	
舰长	40.5米
舰宽	8.53米
满载排水量	105吨
航速	48节
续航力	700海里（航速40节）
舰员编制	25人
动力系统	2台LM2500发动机

■ 作战性能

飞马座级导弹艇舰桥前方的艏部甲板装有 1 座奥托·梅莱拉 76 毫米舰炮，炮座甲板下面设供弹系统。艇首设有首水翼支柱的收缩机械装置。中部的长甲板室，包括作战室、导航通信设备室和艇长室等。驾驶室内设有操纵台。甲板室后部设有海上加油设备和燃气轮机进排气道。尾部甲板两舷各装 1 座四联装 AGM-84 反舰导弹发射装置。甲板室中部四脚短桅上设置球形玻璃钢罩 MK92 型火控雷达。

知识链接 >>

飞马座级导弹艇装有的 AGM-84 反舰导弹，绰号"鱼叉""捕鲸叉"，由美国麦克唐纳-道格拉斯公司研制，于 1979 年装备部队，是美国海、空军现役最主要的反舰武器，可以从飞机、各类水面军舰以及潜艇上发射。此外，美国海军还利用鱼叉导弹开发出远程对地打击型（SLAM）。在美国三军通用编号当中，AGM-84 为空射型，RGM-84 为舰射型，UGM-84 则是水下潜艇发射型，它们的基本结构都是相同的。

▲ 飞马座级导弹艇编队

CIMARRON-CLASS

锡马隆级燃油补给舰（美国）

■ 简要介绍

锡马隆级燃油补给舰是美国海军的一级专用补给舰，其上层建筑为一个艉部甲板室，驾驶室和其他工作舱室集中在船艉。甲板室后面为直升机平台，白天可进行垂直补给，船上不带直升机，也没有机库。补给装置设在甲板室前部。甲板室前左舷设3个液货补给站和1个干货补给站，右舷设2个液货补给站和1个干货补给站。

■ 研制历程

锡马隆级燃油补给船是20世纪70年代中期由美国海军向国会提出建造的，当时美国海军使用的燃油补给船大多是二战时期建造的，需要新船置换。其主要使命是从海外基地或美国本土基地向前沿的综合补给船进行燃油再补给，也可直接向战斗舰艇补给燃油及输送少量干货和人员。按照向1艘航空母舰、6艘～8艘伴随驱逐舰提供二次加油能力设计。

1976年选定阿冯达尔船厂进行施工设计。美国海军申请建造15艘，但国会只批准5艘。主要是因为锡马隆级燃油补给船装载量太小了，只能载运12万桶的燃油。后来被亨利·凯泽级补给舰所代替。

基本参数	
舰长	216米
舰宽	26.8米
吃水	10.7米
满载排水量	17933吨
航速	19节
舰员编制	135人
动力系统	1台蒸汽机 2台锅炉

▲ 锡马隆级燃油补给舰俯视图

武器包括 2 座 MK15 型 20 毫米密集阵近程防御系统，1 部 SPS55 对海搜索雷达（AO177 ～ AO179），1 部 SPS10B 对海搜索雷达（AO180 和 AO186），1 部 LN66 导航雷达。原设计燃油容量 120000 桶，1987年，国会对 5 艘船进行船中切断加长工程，使船长由 180.5 米增加到 216 米，燃油容量由 120000 桶增加到 180000 桶。

知识链接 >>

舰队油船是现代补给舰的最基本型号。顾名思义，油船就是只提供液体燃料的补给舰，有部分型号会同时提供淡水。某些补给舰亦会提供少量杂货，但补给物主要还是以燃油为主，因此还是只能归类为油船。随着环保意识的提升，为避免燃油泄漏造成污染，各国海军正逐渐把既有油船按民用油船标准，从单壳体油船改为双壳体油船。

▲ 锡马隆级燃油补给舰正在为两艘驱逐舰进行燃油补给

LANDING CRAFT AIR CUSHION

LCAC 气垫登陆艇（美国）

■ 简要介绍

美国是建造气垫艇数量最多的国家，其中 LCAC 气垫登陆艇在世界上各型气垫登陆艇中居领先地位。它是美国海军陆战队进行登陆作战的利器，它的出现使美军实现了人"不沾水"登陆，并能配合垂直登陆的直升机进行多兵种作战。美国建造的 LCAC 气垫登陆艇，与两栖攻击舰、船坞登陆舰结合，将装备与人员直接送上敌方滩头。

■ 研制历程

为了有效实施两栖登陆艇的发展计划，1977 年 10 月，美国在佛罗里达州的海军海岸系统研究中心建立了一个攻击快艇试验机构，专门试验气垫登陆艇，并先后建造了 JEFFA 和 JEFFB 两型。随后，通过对这两型艇的试验与改进，美国海军以 JEFF 艇为基础，制订了 LCAC 气垫登陆艇发展计划。

按照该计划的最初目标，美国海军及海军陆战队共需要 108 艘 LCAC 气垫登陆艇，但最终建成 91 艘，最后 2 艘推迟至 1998 年才完工。

基本参数	
艇长	26.8米（气垫状态）
艇宽	14.32米（气垫状态）
吃水	0.9米（非气垫状态）
标准排水量	87.2吨
航速	40节
续航力	300海里（航速35节）
艇员编制	5人
动力系统	4台亚佛可·莱康明燃气涡轮机

■ 作战性能

LCAC 气垫登陆艇具有良好的通过性和独特的两栖性，不受潮汐、水深、雷区、抗登陆障碍和近岸海底坡度的限制。能在全世界 70% 以上的海岸线实施登陆作战，迫使敌人不得不在绝大多数的海岸上设防，从而分散了兵力；同时登陆部队有更多的机遇选择登陆地段，便于在常规登陆艇不易登陆的地带实施登陆。

SPEED LIMIT 55

DANGER - RAMP AREA   KEEP 15 FT CLEAR

55

在登陆作战时，携带气垫登陆艇的两栖
舰船在远离岸边20海里～30海里（37.04
千米～55.56千米）时，便可让气垫登陆艇
依靠自身的动力将人员和装备送上滩头，从
而保证自身的安全。经研究表明，该级艇稍
作改装，即可执行扫雷、反潜和导弹攻击等
任务。

知识链接 >>

气垫登陆艇是在20世纪70年代
出现的，具有较高的航速和独特的两栖性，
是理想的登陆工具。气垫登陆艇按主要装载对
象分为人员登陆艇、车辆登陆艇和坦克登陆艇
等。按排水量和装载能力分为小型、中型和
大型登陆艇。小型登陆艇，满载排水量10
吨～20吨；中型登陆艇，满载排水量
50吨～100吨；大型登陆艇，满载排
水量200吨～500吨。

USNS OBSERVATION ISLAND (T-AGM-23)

"观察岛"号导弹观测舰（美国）

■ 简要介绍

　　"观察岛"号导弹观测舰专为美国测量弹道导弹的试验服务，隶属于第七舰队。它是美国现役最后一艘测量船，由商船改装而成。迄今为止，美国从未建造一艘新型航天测量船。究其原因，一是为了节省经费，二是航天测量船的利用率不高。关于这艘舰的报道内容极少，但从装备船用相控阵雷达能搜集弹道导弹试验数据来看，它具有较强的跟踪和测量能力。美国最初的跟踪船由陆军和空军建造，以支持其导弹计划，通常由自由轮和胜利轮改造。美国海军在1968年接管了所有射程测量船，并不断扩充。

■ 研制历程

　　"观察岛"号导弹观测舰原为1953年8月下水的水手级商船，1956年9月为海军采购，用于舰队弹道导弹的试验，由诺福克海军船厂负责改装工作。1979年5月，它正式划入靶场导弹测量船行列，命名"观察岛"号（T-AGM23），并于1981年开始服役。

基本参数	
舰长	171.6米
舰宽	23.2米
吃水	7.6米
满载排水量	17015吨
航速	20节
续航力	17000海里（航速15节）
舰员编制	143人
动力系统	1台蒸汽轮机

▲ "观察岛"号导弹观测舰后视图

■ **作战性能**

　　舰上装有相控阵雷达、导航雷达和其他先进测量系统，曾先后跟踪和测量过潜艇发射的弹道导弹，并能搜集国外弹道导弹的试验数据，具有较强的跟踪和测量能力。该舰安装有一部朱迪－眼镜蛇相控阵雷达，该雷达用于搜集和监视弹道导弹试验数据。

知识链接 >>

　　相控阵雷达即相位控制电子扫描阵列雷达，利用大量个别控制的小型天线单元排列成天线阵面，每个天线单元都由独立的移相开关控制，通过控制各天线单元发射的相位，就能合成不同相位波束。它从根本上解决了传统机械扫描雷达的种种先天问题，在相同的孔径与操作波长下，相控阵雷达的反应速度、目标更新速率、多目标追踪能力、分辨率、多功能性、电子对抗能力等都远优于传统雷达。

"观察岛"号导弹观测舰俯视图

WHIDBEY ISLAND-CLASS
惠德贝岛级船坞登陆舰（美国）

■ 简要介绍

惠德贝岛级船坞登陆舰是美国海军两栖战舰艇的主力之一，是美国海军陆战队未来进行远程兵力投送的主力舰艇。它由安克雷奇级船坞登陆舰改进而来，排水量和主尺度都有所增加，船坞增长 3 米左右。该级舰在两栖战舰中属中型舰，既能较好地满足中小规模登陆作战的装载要求，又能使舰的造价降低。该级舰造价较高，每艘高达 5 亿美元，被美军士兵戏称为"海上五星饭店"。

■ 研制历程

为了取代 20 世纪 50 年代服役的杜马斯顿级船坞登陆舰和装备当时正在研制的新型气垫登陆艇，20 世纪 70 年代后期，美国海军就已决定建造新型船坞登陆舰。1978 年海军五年计划中宣布了该级舰的建造计划，计划建造 8 艘。

首舰"惠德贝岛"号于 1981 年 8 月动工，1985 年 2 月服役，其余 7 艘已分别于 1986—1992 年服役，前 3 艘由洛克希德造船建筑公司建造，后 5 艘由埃文代尔工业公司建造，其中最后 1 艘舰的造价为 2.2 亿美元。

基本参数	
舰长	185.6米
舰宽	25.6米
吃水	6.3米
满载排水量	15726吨
航速	22节
续航力	8000海里（航速18节）
舰员编制	340人
动力系统	4台皮尔斯蒂克16PC2.5V400柴油机

▲ 惠德贝岛级船坞登陆舰侧视图

■ 作战性能

惠德贝岛级船坞登陆舰可装载登陆部队、坦克、直升机或垂直短距起降飞机，其坞舱较大，可容纳 4 艘气垫登陆艇或 21 艘机械化登陆艇。该舰装有 1 座通用动力公司"拉姆"舰对空导弹发射装置、2 座 MK15 型密集阵近程防御系统、2 门 25 毫米 MK38 型机炮、8 挺 12.7 毫米机枪，自卫火力较强。

压载水舱设置在艉部和坞舱两侧的舷墙内，为缩短压载水的排放时间，排放时可同时采用压缩空气和排放水泵这两种方法。此外，直升机起降甲板上可停放 CH-53 重型直升机和 AV-8B 鹞式飞机。

▲ 从坞舱释放气垫登陆艇

知识链接 >>

2003 年伊拉克战争期间，惠德贝岛级船坞登陆舰承担了美军大量的人员和车辆运输任务。由于该型舰的生活保障设施完备，舒适性好，因此许多美国士兵都希望乘坐它前往海湾地区，但并不是所有的人都能乘坐。于是在美军士兵中就有了关于能否乘坐惠德贝岛级船坞登陆舰的一些打赌的笑话。

亨利·凯泽级燃油补给舰（美国）

■ 简要介绍

亨利·凯泽级燃油补给舰按商用油轮标准设计。斜艏柱带有球鼻艏、方艉，有艏楼，二层连续甲板，由13个主舱壁横向分隔，货舱由两个纵舱壁进一步分隔。上层建筑设在后部，桥楼、居住舱室、机舱均布置在后部，艉部有直升机甲板、无机库，船上不带直升机。主要使命是从基地港口到舰队间穿梭支援航母战斗群，并向萨克拉门托和供应级综合补给舰进行再补给。其所携燃油足以对航母战斗群进行3次燃油补给。

■ 研制历程

美国海军原申请建造15艘锡马隆级燃油补给舰，但只建造5艘就在1979年4月停止了，原因是其装载量较小，于是开始规划亨利·凯泽级。新船要求能装载180000桶燃油，并作为海军航行补给舰队的主要燃油补给舰。

1982年11月，美国海军与埃文代尔船厂签订详图设计和首艘船建造合同。1984年8月，首艘船"亨利·凯泽"号开工，1986年12月服役。该级舰共建造18艘船。

基本参数	
舰长	206.5米
舰宽	29.7米
吃水	10.7米
满载排水量	42000吨
航速	20节
续航力	6000海里（航速18节）
舰员编制	95人
动力系统	2台小马-皮埃斯蒂克柴油机

▲ 亨利·凯泽级燃油补给舰正在给航母补给

■ 作战性能

　　亨利·凯泽级燃油补给舰居住性较锡马隆级好，居住设备与锡马隆级不同。该舰自动化程度较高，所有主、辅机均由集中控制站遥控和监控，并由主机的舰桥控制。用计算机管理系统监视船上燃油、润滑油、航空燃油的贮量。武器为 1 座密集阵近程防御系统，电子设备为 2 部雷声公司的导航雷达，电子战系统为 1 套 SLQ-25 水精拖曳鱼雷诱饵，能装载 180000 桶燃油。

知识链接 >>

　　亨利·凯泽（1882—1967），美国实业家，凯泽铝业公司、凯泽钢铁公司等 100 多家公司的创始人。1942 年，轴心国军队击毁同盟国军队 1664 艘船只，使同盟国军队的运输船队损失惨重。就在这时，亨利·凯泽挺身而出，提出自由轮设想。原本一艘万吨级自由轮从安装龙骨到交货要 200 多天，凯泽减少到 40 天交货，不久，万吨自由轮"约翰·菲奇"号创下 24 天下水的世界纪录。

▲ 亨利·凯泽级燃油补给舰侧视图

LEWIS AND CLARK-CLASS
刘易斯和克拉克级干货弹药补给舰 (美国)

■ 简要介绍

刘易斯和克拉克级干货弹药船补给舰的主要任务是为快速战斗支援舰和作战舰艇提供弹药、食品、有限的燃油、修理部件及其他消耗品，目的是取代基拉韦厄级弹药补给船和火星级战斗燃油补给舰，与亨利·凯泽级燃油补给舰、供应级综合补给舰共同构成航母编队的航行补给力量。

■ 研制历程

自 1992 年 5 艘 AE21/23 级军火船开始退役起，美国海军后勤保障能力一直处于下降状态。至 1999 年年末，5 艘 AO177 补给油船已全部退役。虽然整个海军的舰艇数量在减少，但其作战部署的任务没有下降。2010 年，如果后勤保障能力仍得不到提高，美国海军将无法满足作战后勤保障能力的需求，尤其是需要往来穿梭的补给任务。基于上述原因，美国海军决定建造新型 T-AKE 级干货弹药补给舰，即刘易斯和克拉克级干货弹药补给舰。

刘易斯和克拉克级干货弹药补给舰全部由通用动力国家钢铁与造船公司建造，设计寿命 40 年。共建造了 14 艘。首舰于 2001 年 10 月订购，造价 4.1 亿美元。

基本参数	
舰长	210米
舰宽	32.2米
吃水	9.5米
满载排水量	41592吨
航速	20节
舰员编制	124人
续航力	25928千米（航速20节）

▲ 补给中的刘易斯和克拉克级干货弹药补给舰

刘易斯和克拉克级干货弹药补给舰集燃油、弹药、备品补给等几种功能于一身，采用商船标准建造，有球鼻艏、方艉，动力采用柴油机综合电力系统。船上左舷设有1个燃油补给站、3个干货弹药补给站，右舷设有1个燃油补给站、2个燃油接收站、2个干货弹药补给站、1个干货弹药接收站。船上共有6部载重能力7257.48千克的升降机，每个货舱2部。

刘易斯和克拉克级干货弹药补给舰安装了美国海军补给船第一套货物管理系统。该系统利用条形码扫描机和软件，使船员可以追踪任何一件物品的装卸，航母编队指挥官可以精确定位舰上任何一件货物，大幅减少了船员查找货物的时间。这同时也是美国海军第一型不对臭氧层产生有害气体的军舰，船上还装备了一套联合污水和可再用废水处理系统，能尽量减少有害液体的排放。

▲ 另一个视角看补给中的刘易斯和克拉克级干货弹药补给舰

USNS MERCY (T-AH-19)
"仁慈"号医院船（美国）

■ 简要介绍

    "仁慈"号医院船，编号为 T-AH-19，是美国历史上第三艘以"仁慈"命名的医院船。美国军事海运司令部将其任务定为：当美国军方和医院需要时，提供一个漂浮的、移动的、紧急的外科医疗设施，以支持美国在全世界的救灾和人道主义行动。"仁慈"号医院船于 20 世纪 90 年代初的海湾战争中，加入美军编队部署在海湾地区，参与了"沙漠盾牌""沙漠剑"和"沙漠刀"等作战行动。该船的医疗队进行的复杂的外科手术，有些在岸上野战医院里都是不可能完成的。

■ 研制历程

    "仁慈"号医院船原由 1974 年 12 月 1 日美国国家钢铁和造船公司在加利福尼亚州圣迭戈市以圣克莱门特级商船"价值"号的名义建造，于 1975 年 7 月 1 日交付。1982 年由军事海运司令部（MSC）作为油轮收购，后改建为专用医院船，1986 年 11 月 8 日正式服役。

基本参数	
船长	272.6米
船宽	32.2米
满载排水量	69360吨
航速	17.5节
舰员编制	1300人
动力系统	2台奇异公司柴油机

▲ "仁慈"号医院船侧视图

■ **作战性能**

　　"仁慈"号只要约70人就可以运转，执行医疗任务时医生可达200人以上，有1000床以上容量，必要时可再加床。船上有核磁共振和放射线医疗设备、烧烫伤病房、牙医室。另有洗衣房、健身房、理发室、图书馆和酒吧等。"仁慈"号医院船上有80个集中治疗病床，20个康复病床，280个中度护理床，500个有限护理病床，120个轻伤病床，12个手术室等。

▲ "仁慈"号医院船俯视图

知识链接 >>

　　除了本文提到的这艘"仁慈"号医院船，另两艘同名医院船是：第一艘"仁慈"号，建于1907年，原名为"萨拉托加"号，其在1917年9月27日由海军从陆军部购买，1917年10月30日更名为"仁慈"号，1920年7月17日重新编号为AH-4，1918—1938年服役；第二艘"仁慈"号，编号为AH-8，于1945年6月20日交付美国海军，并于1944—1945年服役。

复仇者级反水雷舰（美国）

■ 简要介绍

　　复仇者级反水雷舰是美国研制的一种既能扫雷也能猎雷的反水雷舰艇。作为一级较新型的远洋深水反水雷舰，复仇者级反水雷舰是二战后世界上建造的最大的反水雷舰艇，也是西方国家舰员编制最多的反水雷舰艇。它有许多独到之处：该舰的舰体采用多层木质结构，且外板表面包有浸以环氧树脂的多层玻璃纤维；船体具有高强度、耐冲击、抗摩擦等特点；舰上的诸多设备和部件采用铝合金、铜等非磁性材料。不仅装备美国海军，其他国家海军也有装备。

■ 研制历程

　　1982年6月，彼得森公司获得了6440万美元的首舰建造合同，1983年5月，马里内特造船公司获得4660万美元的第二艘舰建造合同。1984年，美国国会共批准8艘舰的建造计划。1986年，美国海军又提出4艘舰的建造计划。1990年，美国海军提出最后3艘舰的建造计划。首舰"复仇者"号于1985年6月下水，1987年9月12日服役，比计划时间晚了2年多。1994年11月5日，该级最后一艘"首领"号开始服役。

基本参数	
舰长	68.3米
舰宽	11.9米
吃水	3.5米
满载排水量	1313吨
航速	14节
舰员编制	81人
动力系统	4台瓦克沙L-l616型柴油机

■ 作战性能

　　复仇者级反水雷舰装有2门12.7毫米机枪、2只SLQ-48(V)灭雷具、2只SLQ-37(V)磁/声感应式扫雷具、1只OropesaSLQ-380型1号机械扫雷具、1只埃多公司(EDO)ALQl66磁扫雷具、1部

ISCCardionSPS-55 对海搜索雷达、1 部
GE 公司的 SQQ-30 或 1 部雷声公司和汤
姆逊公司 SQQ-32 变深高频主动式猎雷声
呐；作战数据系统为 SATCOMSRR-1、
WSC-3(UHF) 卫星通信设备以及"瑙蒂
斯"猎扫雷艇集成化指挥控制和导航
系统，包括 ParamaxSYQ13 指挥系统和
AN/SSN2PINS 精密导航系统。

知识链接 >>

　　1990 年年末至 1991 年年初，"复
仇者"号参加了海湾战争。虽然主要的反
水雷任务均由英国和法国海军承担，但"复仇
者"号有限的参与还是证明了美国海军对反水
雷舰艇的迫切需求。"复仇者"号配有包括
SLQ-48 灭雷具在内的许多新系统。在"沙
漠风暴"行动中，这种灭雷具曾在美国
海军"复仇者"号上成功地执行了 70
次任务。

WASP-CLASS
黄蜂级两栖攻击舰（美国）

■ 简要介绍

　　黄蜂级两栖攻击舰是美国海军隶下的以直升机和垂直/短距起降（STOVL）战斗机为主要作战武器，配备船坞的多功能两栖攻击舰。该级舰基于塔拉瓦级通用两栖攻击舰设计建造，但相较于塔拉瓦级能使用更先进的舰载机和登陆艇。黄蜂级两栖攻击舰能运输一整支美国海军陆战队远征部队（MEU），并通过登陆艇或直升机在敌方领土纵深或前沿作战。

▶ 满载舰载机的黄蜂级两栖攻击舰

■ 研制历程

　　美国海军为了取代老旧的硫黄岛级两栖攻击舰，以塔拉瓦级通用两栖攻击舰的设计发展出黄蜂级。黄蜂级在设计与概念上有重大的改良，并且功能更多。

　　本级舰共建造8艘，首舰"黄蜂"号于1985年5月30日安放龙骨，1987年8月4日下水，1989年7月29日服役。2002年4月19日，美国海军与诺格集团签约，建造最后一艘改良型黄蜂级"马金岛"号，它以全新的复合燃气涡轮与电力推进动力系统（APS）来取代复杂笨重且反应缓慢的蒸汽涡轮系统，成为美国海军第一艘使用整合式电力推进系统的作战舰艇。

基本参数	
舰长	253.2米
舰宽	32米
吃水	8.1米
满载排水量	41150吨
航速	24节
舰员编制	1108人
动力系统	2台锅炉 2台通用电气LM2500燃气轮机，双轴（"马金岛"号）

■ 作战性能

　　黄蜂级的舰内车库甲板的标准搭载量包括5辆M-1主战坦克、25辆AAV-7两栖登陆车、8辆M-109自行炮、大约68辆VVV战术轮型卡车、10辆补给车辆、20辆5吨军用卡车、2辆水柜拖板车、2辆发电机拖板车、1辆油罐车、4辆全地形堆高机等。在标准的搭载模式下，可搭载4架CH-53运输直升机、12架CH-46运输直升机、4架AH-1W

攻击直升机、6 架 AV-8B 垂直起降攻击机、2 架 UH-1N 通用直升机，或者是 9 架 CH-53、12 架 CH-46、4 架 AH-1W、6 架 AV-8B、4 架 UH-1N，机队总数在 30 架左右。在突击模式下，舰上可搭载 42 架 CH-46 运输直升机；而在操作最新一代的 MV-22 倾斜旋翼运输机时，黄蜂级最多能搭载 12 架。

知识链接 >>

2005 年 9 月，美国新奥尔良地区遭卡特里娜飓风重创，黄蜂级"硫黄岛"号驶入密西西比河河道充当救援平台，利用舰上的运输直升机队与登陆艇、登陆车队向交通基础设施遭严重破坏的灾区运送物资，而当时的美国总统乔治·布什更以"硫黄岛"号作为临时救灾指挥所，"陆战队一号"总统专用直升机在此期间也进驻该舰。

OSPREY-CLASS

鹗级猎雷舰（美国 / 意大利）

■ 简要介绍

鹗级猎雷舰是意大利英特马林公司为美国海军建造的一种猎雷舰。该级舰是意大利勒里希级猎雷舰的改进型，尺寸与排水量均有较大提升。美国海军之所以选择勒里希级舰，是因为该级舰已在 3 个国家服役，其性能已得到实践的验证；且修改设计方案灵活多样，可满足美国海军的要求。

■ 研制历程

1986 年 8 月，美国与意大利英特马林公司签订了鹗级舰设计合同，1987 年 5 月又签订了首舰建造合同，首舰造价约 1.2 亿美元。1992 年，该级舰建造计划被削减为 12 艘。

为建造该级舰，英特马林公司在美国建立了子公司，并购买美国两家造船公司建立了生产基地。首舰"鹗"（MHC-51）于 1988 年 5 月开工，1991 年 3 月下水，1993 年 8 月 23 日服役。末舰"伯劳"（MHC-62）于 1995 年 7 月开工，1997 年 4 月下水，1999 年 5 月 31 日服役。

基本参数	
舰长	57.3米
舰宽	11米
吃水	2.9米
满载排水量	930吨
航速	10节
续航力	1500海里（航速10节）
舰员编制	51人
动力系统	2台ID36SS8VAM无磁柴油机 3台意大利ID36柴油发电机组

▲ 鹗级猎雷舰前视图

■ 作战性能

鹈级猎雷舰船体采用硬壳式整体玻璃钢结构，这种结构无磁性、工艺性好、结构坚固、抗冲击性好，但重量较大。主机安装在玻璃钢支架上，并采用隔声罩屏蔽，因此大大降低了噪声。舰上的反水雷装备为 1 套 SLQ-48 灭雷具和 1 套 DGM-4 闭环消磁系统。SLQ-48 灭雷具的脐带电缆长度为 1070 千米。DGM-4 系统可使磁性水雷失效。

▲ 鹈级猎雷舰装配的水下机器人

知识链接 >>

20 世纪 80 年代初期，美国海军为了加强其水上扫雷能力，补充复仇者级反水雷舰作战能力及数量上的不足，决定研制一型吨位较小的新型猎、扫雷舰艇，即 MSH 计划。原计划建造 17 艘，采用水面效应单体船型。但由于设计中出现了技术问题，船体抗爆能力差，美国海军便于 1986 年中止了该计划，并找到意大利英特马林公司帮助建造鹈级猎雷舰。

SUPPLY-CLASS
供应级综合补给舰（美国）

■ 简要介绍

供应级综合补给舰，亦称供应级快速战斗支援舰，是美国海军在萨克拉门托级的基础上改进的最新一级快速战斗支援舰。它携带的补给物资品种齐全，能伴随作战编队航行，及时给作战舰艇补给物资。其任务是接收穿梭补给舰的弹药、油料和后勤保障物资，并在航行中将其补给到战斗舰队。

■ 研制历程

美国海军一般给每个航母战斗编队配一艘综合补给船。自20世纪60年代建成多种物品航行补给船"萨克拉门托"号以来，共建造两级综合补给船，即萨克拉门托级和威奇塔级。为加强舰队航行补给能力，20世纪80年代初，美国开始研制一级新综合补给舰。这是美国海军自1976年完成威奇塔级最后一艘船"罗诺基"号后首次建造综合补给舰。

供应级综合补给舰由圣迭戈国家钢铁和造船公司建造。共交付4艘：1994年交付"供应"号（AOE6），1995年交付"莱纳"号（AOE7）和"北极"号（AOE8），1998年交付"桥梁"号（AOE10）。

基本参数	
舰长	229.8米
舰宽	32.6米
吃水	11.6米
满载排水量	49800吨
航速	25节
续航力	6000海里（航速22节）
舰员编制	219人
动力系统	4台LM-2500燃气轮机

▲ 供应级综合补给舰同时为航母和驱逐舰进行补给

■ 作战性能

该级舰配有先进的补给装置——一个全面的货物转运系统和一个专门的货物控制中心：有5个燃料站（FAS）、6个海上补给站（RAS）、4个10吨货斗，以及2个直升机的垂直补给位置。机库可容纳3架美国海军 UH-46E 海上直升机。该舰能携带超过177000桶燃料和2150吨弹药、500吨干货、250吨冷藏补给。

知识链接 >>

供应级综合补给舰的动力系统采用的是 LM-2500 燃气轮机，该燃气轮机是美国通用电气公司于20世纪60年代以 TF39 涡轮风扇发动机为蓝本研制的航改式燃气轮机。该系列燃气轮机有着非常广泛的用途，可应用于船舶动力、发电、石油开采等。最为主要的用途是作为军用舰艇的动力装置。从20世纪70年代初正式投入使用以来，LM-2500 系列燃气轮机已经销售了数千台，占据了世界舰船燃气轮机的绝大部分份额。

▲ 供应级综合补给舰侧视图

HARPERS FERRY-CLASS

哈珀斯·费里级船坞登陆舰（美国）

■ 简要介绍

哈珀斯·费里级船坞登陆舰是美国海军为适应新形势下两栖战的需要而开发的一种功能多、性能先进的作战舰只。该级舰的主要任务是在登陆战中运送和投入各种登陆艇（尤其是气垫登陆艇）及车辆，并为登陆艇提供维修服务。该级舰是美国海军陆战队一段时间内进行远程兵力投送的主力舰艇，后来被圣安东尼奥级船坞运输舰取代。2003年伊拉克战争期间，本级舰承担了美军大量的人员和车辆运输任务。

■ 研制历程

哈珀斯·费里级船坞登陆舰是惠德贝岛级船坞登陆舰的改进型，一共建造了4艘。该舰是美国海军目前最新的船坞登陆舰，主要使命是配合两栖攻击舰进行大规模快速登陆。该舰的首舰建造计划于1988年批准，1991年4月15日在阿冯达尔工业公司开工建造，1995年1月建成服役。4艘分别为："哈珀斯·费里"号、"卡特·霍尔"号、"橡树山"号和"珍珠港"号，截至2015年7月仍全部在役。

基本参数	
舰长	185.8米
舰宽	25.6米
吃水	6.3米
满载排水量	16740吨
航速	22节
续航力	8000海里（航速18节）
舰员编制	340人
动力系统	4台16PC2.5V400型柴油机

▲ 哈珀斯·费里级船坞登陆舰

■ 作战性能

哈珀斯·费里级船坞登陆舰的短前甲板安装有天线架；高大的上层建筑位于舰舯前方；大型框架式主桅位于上层建筑顶部中央；2部密集阵近程防御系统位于主上层建筑顶部，其中1部位于舰桥顶部，1部位于烟囱前方；拉姆（RAM）防空导弹箱式发射装置位于舰桥顶部和上层建筑后缘；大型烟囱位于上层建筑后缘，其后缘轮廓倾斜；烟囱后方装有1部或2部起重吊臂；较长的后甲板。

知识链接 >>

哈珀斯·费里级船坞登陆舰与惠德贝岛级船坞登陆舰约有90%的设备是相同的，主要改进是增加了货物运输能力。哈珀斯·费里级船坞登陆舰的坞舱被缩小，装载量减少了一半，只能装载2艘气垫登陆艇。货舱加大了许多。车辆甲板面积也有增加。

另外，增加了空调、管道系统，舰体结构在布局上有所改变。舰艉密集阵近程防御系统安装在舰桥的前面，起重机由2台改为1台。

SAN ANTONIO-CLASS

圣安东尼奥级船坞运输舰（美国）

■ 简要介绍

圣安东尼奥级船坞运输舰是美国海军旗下于21世纪初服役的新型多功能两栖船坞登陆/运输舰，是美国海军新锐主力之一，它整合坦克登陆舰（LST）、货物运输舰（LKA）、船坞登陆舰（LSD）和船坞运输舰（LPDS）的功能，可满足未来美国海军快速应付区域冲突、将两栖陆战队运送上岸的任务。相较于以往的两栖舰艇，本级舰着重于减少对友军岸上设施的依赖、降低人力需求、减低作业成本、保留未来改良空间以及提高独力作战能力，特别是自卫能力。

■ 研制历程

1993年1月11日，美国国防采购委员会批准了LP-X（LPD-17）计划。它是美国海军为实施其"由海向陆"新战略而建造的第一批新一代战舰之一，是第一级根据美国海军陆战队"舰对目标机动作战"而设计的两栖战舰。

1996年，由阿方岱尔造船厂、通用动力的巴斯钢铁造船厂、雷声公司等组成的集团取得研制合约。首舰"圣安东尼奥"号于2003年7月下水，2006年1月14日正式服役。原定12艘，经过几次反复，最后定为11艘。

基本参数	
舰长	208.5米
舰宽	31.9米
吃水	7米
满载排水量	25000吨
航速	22节
续航力	7000海里（航速15节）
舰员编制	船员465人，搭载士兵720人
动力系统	4台中速涡轮增压柴油机 5台柴油主发电机（SSDG）

▲ 圣安东尼奥级船坞运输舰后视图

■ 作战性能

　　根据原始设计，圣安东尼奥级拥有以海麻雀 ESSM 与 MK31 型 Block1 拉姆（RAM）导弹构成的两层式近程防空导弹网。相较于老一代的船坞运输舰，圣安东尼奥级的飞行甲板与机库收容设施进一步扩大，能操作海军陆战队各型航空器，包括 CH–46 中型运输直升机、CH–53 重型运输直升机。机库设置于船的末段，能容纳一架 CH–53 重型直升机或一架 MV–22 倾斜旋翼机，如果是 CH–46 中型直升机则可容纳 2 架；舰艇的大型飞行甲板能同时操作 2 架 CH–53 等重型旋翼机，或 4 架 CH–46 中 / 轻型直升机，必要时还可让 AV–8B 等 STOVL 战斗机降落。

知识链接 >>

　　2008 年年底，鉴于索马里周边海域海盗猖獗，已经严重影响国际航运安全，美国、俄罗斯等陆续派出舰艇进入索马里海域维护航运。2009 年 1 月，美国将包括美、英、法、德、加拿大、丹麦、荷兰、巴基斯坦等 22 国的舰队联合组织为第 151 特遣舰队（CTF-151），统一协调所有护航与反劫持任务，编成后以"圣安东尼奥"号为旗舰。

▲ 圣安东尼奥级船坞运输舰侧视图

LEGEND-CLASS
传奇级巡逻舰（美国）

简要介绍

传奇级巡逻舰是美国海岸警卫队的旗舰，主要用于替换在20世纪60年代服役的汉密尔顿级巡逻舰。英戈尔斯公司主要建造该级舰艇的船体和机械与电子系统，洛克希德·马丁公司为该舰生产和集成C4ISR系统。该级舰艇是美国海岸警卫队拥有的最先进的舰艇。

研制历程

美国海岸警卫队计划打造8艘传奇级巡逻舰。首艇"伯瑟夫"号（WMSL-750）在2004年由英戈尔斯公司开始建造，2008年4月正式服役。2016年12月16日，第6艘WMSL-755"门罗"号交付海岸警卫队，第7艘WMSL-756"金博尔"号于2018年年底前交付，第8艘WMSL-757"米奇特"号在2019年交付。

基本参数	
舰长	127米
舰宽	16米
吃水	6.9米
满载排水量	4500吨
航速	28节
自持力	60天
舰员编制	113人
动力系统	1台燃气涡轮发动机 2台柴油机

▲ 传奇级巡逻舰舰艉舱准备放出小艇

■ 作战性能

　　传奇级巡逻舰舰艇安装推进器，舰艇设有硬壳充气艇的收放区。除此之外，舰上还安装了先进的指挥、控制、通信、计算机、情报、监视和侦察系统（C4ISR），并配备了一套远程综合后勤系统。舰艇可以投放和回收 2 艘硬体充气艇，飞行甲板上可以停放有人和无人驾驶旋转翼飞机。

　　该舰武器装备包括 1 座 MK110 单管 57 毫米火炮和 1 座 MK15 型密集阵近程防御系统，此外还装备了 AN/SPQ-9B 火控雷达、AN/SPS-73 对海搜索/导航雷达、TRS-3D/16D 对空/对海搜索雷达以及美国海军作战舰艇所用的 AN/SLQ-32(V3) 电子战系统。

知识链接 >>

　　巡逻舰，也被称为轻型护卫舰，主要用于近海防御、日常巡逻和战斗支援，也可用于巡逻警戒、反潜反舰、扫雷防空、缉私救援、情报搜集等多种任务，具体功能视具体装备设计情况而定。现代巡逻舰装备有速射自动炮、导弹、深水炸弹、声呐、雷达、鱼雷、红外线探测装置等设施，船体尺寸和设计特点也非常类似沿海巡逻艇，只是比后者速度快、火力强、吨位大、续航力强。

▲ 传奇级巡逻舰进行射击训练

SPEARHEAD-CLASS
先锋级联合高速船（美国）

■ 简要介绍

先锋级联合高速船是一种通用的、非战斗运输船，这种船型海况适应性好，速度快，用于在战区内快速运输部队、军用车辆和装备，并能在吃水较浅的港口和航道工作，可搭载部队和装备执行军事任务。由于装备有完善的滚装登陆设备，美军的主战坦克可从联合高速船直接登陆作战。另外，其上设置有飞行甲板和辅助降落设备，可以携带一架中型直升机全天候起降。不仅如此，船上还拥有先进的通信、导航和武器系统，可满足不同的任务需要，能够支持美军在海外执行包括人道主义援助等多重任务。

■ 研制历程

先锋级联合高速船由美国军事海运司令部主导经营的 JHSV 项目发展而来，参考了澳大利亚英凯特公司的高速双体运输船的设计。2003年由美国通用动力公司开始设计，首舰于 2010年 7 月 22 日在奥斯塔美国公司造船厂开工建造，2011 年 9 月 12 日下水，2012 年 12 月服役，至2015 年共建造有 7 艘，其中 5 艘已服役。

基本参数	
船长	103米
船宽	28.5米
吃水	3.83米
满载排水量	2400吨
航速	45节
舰员编制	42人
动力系统	4台MTU20V8000M71L柴油发动机 4台WLD1400SR喷水推进器

▲ 先锋级联合高速船后视图

■ 作战性能

　　先锋级联合高速船的防御武器是 4 挺 12.7 毫米口径机枪。其作战设想是在紧张程度不高的环境中独立作战，提供 360 度的防御性火力覆盖，或者是在海军"海上盾牌"的保护之下进行防御。先锋级联合高速船为乘员配置 15 个特等客舱，可容纳 41 位乘员住宿；还可以为 150 名人员提供铺位，这还不包括驾船人员，并可以向 312 名人员提供航空客舱式的座位。先锋级联合高速船内部设有巨大的货舱，可以装得下美国现役大部分的车辆和装备。先锋级联合高速船没有配置直升机库，但是它有一个飞行甲板，可以让美国海军多种直升机在三级海况下起降，包括 UH-60 通用直升机、CH-46 运输直升机和 CH-53 运输直升机。

▲ 先锋级联合高速船侧视图

知识链接 >>

　　2001 年，美国租借了澳大利亚英凯特造船公司建造的高速双体运输船，并命名为 HSV-X1"合资企业"号。"合资企业"号原本是用来运输人员和货物的，按照合同，英凯特公司把它改造为后勤舰船的试验船之后交付美国，该船之后在美军中参与了大量军事行动。由于多次租用，高速双体船在获得了的良好使用效果后，美国军方便启动了"联合高速运输船（JHSV）"项目。

AMERICA-CLASS
美国级两栖攻击舰（美国）

简要介绍

美国级两栖攻击舰是美国海军隶下的一级两栖攻击舰，属直升机登陆突击舰（LHA）类别。它是有史以来吨位最大的两栖攻击舰，承袭了塔拉瓦级和黄蜂级的强悍风格，同时在很大程度上汲取了圣安东尼奥级船坞运输舰建造的经验做法，在配备大量先进装备、保持远洋投送能力和海上作战能力的同时，着重强调了隐身性能、自动化及人员舒适程度等方面。

◀ 起降"鱼鹰"运输机

研制历程

2001财政年度开始，美国海军专门成立了研究论证小组，对新一级两栖攻击舰的设计方案进行论证研究。2007年6月4日，美国海军与诺斯罗普·格鲁曼公司舰艇系统部正式签署LHA-6"美国"号的建造合同，合同金额为24亿美元，计划建造11艘。

美国级两栖攻击舰首舰"美国"号于2009年7月17日在英戈尔斯造船厂开工，2012年6月4日下水，2014年10月11日服役。2017年5月，美国级第二艘"的黎波里"号从干船坞下水。

基本参数	
舰长	257.3米
舰宽	32.3米
标准排水量	45722吨
航速	20节
舰员编制	1059人
动力系统	2台LM-2500燃气涡轮发动机

美国级两栖攻击舰是美国现役吨位最大的两栖攻击舰，其满载排水量高达4.5万吨，总体设计以围绕搭载更多的飞机、提高航空作业能力展开。为了降低研制风险和成本，美国级的舰体大量参考了黄蜂级最后一艘舰"马金岛"号的舰体设计。还采用了全通飞行甲板，在舰艇中部和后部各设计了一部升降机。

■ 作战性能

美国级两栖攻击舰没有装备过多的攻击性武器，配备了2座20毫米6管MK15型密集阵近程防御系统、2座21联装RIM-116"拉姆"近程舰空导弹发射器、2座RIM-162"先进型海麻雀"（ESSM）舰空导弹发射装置和7挺双联装.50口径重机枪。

USNS IMPECCABLE (T-AGOS-23)

"无瑕"号测量船（美国）

■ 简要介绍

"无瑕"号测量船是美国于 20 世纪 90 年代初，在胜利级海洋监测船的基础上，建造的新型水声测量船。该船采用双体船型，装备主动低频拖曳阵声呐（LFA）和被动监视拖曳阵声呐，能单、双向接收水声信号，具有搜集、处理和传输反潜战数据的能力。

■ 研制历程

为了应对日益增加的水下威胁，美国提出建造一型水声测量船。无瑕级水声测量船原计划建造 5 艘。首舰"无瑕"号最初由位于美国佛罗里达州的坦帕造船厂建造。1993 年 2 月 2 日"无瑕"号铺设龙骨，但在船体完成 60% 时，坦帕造船厂进入困难时期，1993 年 10 月，"无瑕"号暂停建造。不久后，美国政府决定继续完成"无瑕"号，但是终止无瑕级计划，使得"无瑕"号成为无瑕级仅有的一艘船。1995 年 4 月 20 日，未完工的"无瑕"号船体被拖至位于密西西比州格尔夫波特的哈尔特船舶集团公司继续完成建造，1998 年 3 月下水，1999 年 10 月完工，2001 年服役。

基本参数	
船长	85.8米
船宽	29.2米
吃水	7.9米
满载排水量	5370吨
航速	12节
船员编制	45人
动力系统	3台EMD12-645F7B柴油发电机 2台威斯汀豪斯公司电机

■ 作战性能

"无瑕"号上部署了美军目前最先进的声呐系统 SURTASSLFA。系统搜集声呐数据后，将信息由卫星传输至岸上基站进行分析或引导反潜攻击。"无瑕"号监测船配有约 20 名水手、10 名技术人员和 20 名海军人员。此类监测船上一般配备的都是这三类人员，其中水手负责运行、导航、维护船只，技术人员主要负责维护声呐设备，而海军人员则负责利用声呐搜集数据。

知识链接 >>

声呐系统 SURTASSLFA 的探测装置分为两部分。一部分为 SURTASS（拖曳式阵列传感器系统），由被动声呐组成，被水平拖曳在船后，拖缆长达 1800 米，可以探知水下 150 米 ~ 450 米深度潜艇的方位和类型。另一部分被称为 LFA（低频主动），是垂直悬挂在舰船下方的主动声呐阵列，用以对付被动声呐无法探知的"极静"潜艇。

▲ "无瑕"号测量船后视图

BATHYSCAPHE TRIESTE

"的里亚斯特"号深潜器（美国）

■ 简要介绍

从 1930 年开始，世界各国相继开展深潜设备的研制以及海洋深潜考察研究。1960 年 1 月 23 日，瑞士海洋学家皮卡德和美国海洋学家沃尔什一起乘坐"的里亚斯特"号下潜到全球最深的马里亚纳海沟水下 10911 米深处，并在海底停留了 20 分钟，创造了深潜纪录。

■ 研制历程

二战结束后，瑞士皮卡德父子在比利时国家科研基金会的资助下，建成了第一艘"水下气球"式"弗恩斯Ⅲ"号深潜器。1948 年 11 月 3 日，他们的深潜器缓缓潜入水中。深潜器下潜到了 1370 米的深度。当它浮出水面时，深潜器载人舱严重进水，外形因受巨大压力而变形。尽管如此，他们的试验使人类向深海探索的历程跨入了一个崭新的纪元。

1951 年，雅克·皮卡德带领儿子杰昆斯·皮卡德来到意大利港口城市的里亚斯特，在瑞典有关部门的支持下设计他们的第二艘深海潜水器"的里亚斯特"号。1955 年，美国海洋科学家乘坐"的里亚斯特"号遨游海底。1958 年，"的里亚斯特"号以高价转卖给美国海军。

基本参数	
排水量	51吨
长度	18.14米
船宽	3.51米
吃水	5.64米

1957 年，美国海军购买了"的里亚斯特"号。在之后的二十年中，改进型深海潜水器"的里亚斯特Ⅱ"号一直在美国海军中服役。它承担了许多深海探险任务，包括搜寻美国海军失事的"天蝎"号核潜艇的残骸和打捞坠入海底的航天器装置。

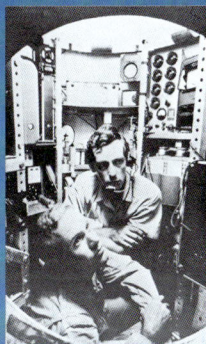

▲ "的里亚斯特"号上的唐·沃尔什和雅克·皮卡德

▲ "的里亚斯特"号上的克虏伯球（压力球）

知识链接 >>

雅克·皮卡德（1922—2008）是瑞士著名深海探险家及发明家，出生于比利时的布鲁塞尔。传奇的是他们一家祖孙三代都创造了当时各自的世界纪录。雅克·皮卡德的父亲是第一个飞上 15000 米高空的人；他自己是世界上潜水潜得最深的人；他的儿子则是第一个驾驶热气球不间断成功环绕地球的人。

DSV ALVIN

"阿尔文"号深潜器（美国）

■ 简要介绍

20世纪60年代中期，载人潜水器的发展非常迅速，世界上差不多每年都会增加10艘潜水器。"阿尔文"号是世界著名深海潜水器，由美国海军提供资金建造，服务于美国伍兹霍尔海洋研究所，主要用于科学考察，可同时搭载1名驾驶员与2名观察员。1986年7月，"阿尔文"号第12次下潜至"泰坦尼克"号沉没处，并对一水下机器人进行试验，还给"泰坦尼克"号的残骸进行了拍照。

■ 研制历程

"阿尔文"号于1964年6月5日下水，它的主要部件是一个钢制的载人圆形壳体，最深可下潜到1868米处。1968年在吊放时沉没，1969年被打捞出来。1972年，"阿尔文"号换上了新的钛金属壳体，将下潜深度提高到了3658米。1978年它下潜到4000米深处，1994年到达4500米。"阿尔文"号以该研究所工程师Allyn Vine的名字命名，以表彰Allyn Vine对提出这样一艘潜艇的理念所起的关键作用。

基本参数	
艇长	7米
艇宽	2.5米
高度	3.3米
总重量	16.8吨
下潜深度	4511米
动力系统	5个水力推进器驱动 1个铅酸电池供电系统

■ 工作特点

"阿尔文"号的下放都是在它的母船"R/V Atlantis"号上进行，由一个位于船艉的A字形起重机和9名~10名工作人员共同完成。起重机将"阿尔文"号吊离甲板并将其轻轻地放入水中。完成任务后起重机再将"阿尔文"号吊上甲板。

现在的"阿尔文"号可以在高低不平的海底地表任意移动，也可以在水中自由漂浮，停留在海底完成科学和工程任务，同时可以进行摄像与拍照。一般"阿尔文"号执行下潜任务会持续8小时，4小时往返，4小时工作，必要时候可以持续工作72小时。

知识链接 >>

　　如果带浮力舱的深潜器是第一代载人潜水器的话，那么从20世纪50年代末到20世纪60年代中期得到迅猛发展的自由自航式潜水器就是第二代载人潜水器。目前世界上所说的载人潜水器，一般均指第二代自由自航式载人潜水器。自由自航是潜水器十分重要的发展，它不需要其他水面舰船或其他潜水器的帮助便能够在水下自由航行和运动，既可以自由地上浮，也能够自由地下潜，还可以左右进行水平运动。

▲ 被吊出海面的"阿尔文"号深潜器

SEA HUNTER

"海上猎人"反潜无人舰（美国）

■ 简要介绍

近年来，随着潜艇静音技术的不断发展，作战性能的不断提高，美国海军逐渐感到追踪潜艇的任务变得更加困难。一些柴电动力潜艇能够对一些传统的潜艇追踪手段进行有效规避，这对美国水下战场构成了威胁。为解决这一问题，美国国防部高级研究计划局专门设计建造了用来猎杀潜艇的"海上猎人"反潜无人舰。该舰具有无人自主驾驶、长时间巡航和自动搜索跟踪等技术优势。一旦该舰进入现役，将大幅度提升美军反潜作战实力，成为未来海上猎潜的"侦察尖兵"。

■ 研制历程

"海上猎人"反潜无人舰最早由美国莱多斯公司承担研制任务，采用无人驾驶的三体船型，这种船型的稳性非常好，如同远洋帆船，高海况下也不会翻沉，采用的模块化设计使其可以更换不同模块执行不同的任务。该舰主要用于侦察和跟踪潜艇，主要用于执行近海任务，设计要求能独立持续工作2至3个月。该舰能与P-8A反潜巡逻机、MQ-4C侦察机、反潜声呐浮标等组成传感器网络，用于全球海洋监视。按照设想，"海上猎人"造价低廉，目的在于用更低的成本让对手花更多的钱进行反制，从经济上把对手拖垮。

基本参数	
舰长	40米
航速	27节

▲ 海试中的"海上猎人"反潜无人舰

■ 工作特点

　　"海上猎人"反潜无人舰配备了声呐、光电传感器和近距、远程雷达系统来实现导航或识别船只，其中包括美国雷声公司研制的可扩展模块化声呐系统（MS3）。该系统于2015年11月交付，可执行主动与被动搜索、探测鱼雷、分析威胁、定位追踪潜艇、过滤小目标等任务。

　　同时，雷多斯公司为"海上猎手"研制了导航软件，使"海上猎手"的计算机可以进行导航、识别并自动避开其他船只和目标。

知识链接 >>

　　一旦发现目标，"海上猎人"将快速冲向指定海域，用两侧的吊舱低频被动声呐采集水下不明目标的声纹信息与反潜指挥中心的数据进行比对，同时利用本舰上的高频声呐保持水下目标的持续高精度跟踪，最后，用甚高频声呐扫描水下不明物的图像，以便识别和分类。

OSA-CLASS
蚊子级导弹艇（苏联）

■ 简要介绍

蚊子级导弹艇是苏联制造的一种小型导弹快艇，是世界上最早的导弹艇。它不仅装备于苏联海军部队，还出口海外，阿拉伯国家的海军就装备该型导弹艇。在第三次中东战争中，埃及海军的蚊子级导弹艇用对舰导弹击沉1艘以色列的"埃拉特"号驱逐舰。这是世界海战史上导弹快艇的第一次战斗。埃及海军的3枚舰对舰导弹击沉1艘驱逐舰，小艇吃掉了大舰，震惊了世界。

■ 研制历程

19世纪后期，鱼雷的出现使大型炮舰独霸海面的局面被打破，鱼雷快艇和护卫艇等发射鱼雷的小型快艇相继问世，但由于后来雷达和夜视技术的发展，本身防护能力弱、接敌慢的鱼雷艇越发难以接近大型军舰，鱼雷艇、护卫艇等小型快艇逐渐淡出海军的舞台。

二战后，飞航式导弹的出现使小型快艇的优势又发挥出来。1959年，苏联列宁格勒（今圣彼得堡）的彼得洛夫斯基造船厂将冥河式舰对舰导弹安装在拆除了鱼雷发射管的P6级鱼雷艇上，改制成蚊子级导弹艇。

基本参数	
艇长	26.8米
艇宽	6.1米
满载排水量	75吨
航速	70千米/小时
续航力	600海里（航速16节）
艇员编制	19人

▲ 早期型号的蚊子级导弹艇

　　蚊子级导弹艇上的武器包含 1 座双联装 SS-N-2 冥河式反舰导弹发射器，1 门双管 25 毫米半自动火炮。冥河式反舰导弹是苏联研制的一种近程亚音速飞航式反舰导弹（北约代号为 SS-N-2），弹长 6.5 米，弹径 0.76 米，翼展 2.4 米，全弹质量为 2500 千克。

知识链接 >>

　　在火炮和鱼雷主导大海的时代，海战的默认规则是胜负取决于军舰的大小，也就是大舰与小舰战斗时，大舰必定获胜。然而蚊子级导弹艇的出现彻底颠覆了该规则，实战表明小舰完全有能力击沉大型军舰。于是各国海军竞相发展导弹艇，并增强它的电子干扰和反电子干扰能力。到 20 世纪 80 年代初，已有约 50 个国家拥有各型导弹艇约 750 艘。

▲ 蚊子级导弹艇侧视图

ALLIGATOR-CLASS

1171 型鳄鱼级坦克登陆舰

(苏联/俄罗斯

■ 简要介绍

　　1171 型大型坦克登陆舰，是一种传统登陆舰艇。该舰西方称之为鳄鱼级，可以搭载 20 辆中型坦克，部署一支海军步兵营。因为采用民船设计，航速较低。20 世纪 80 年代，该级舰经常在西非、地中海和印度洋出没，通常舰上载有步兵部队。该级舰有一半已经报废或被拆解。在剩余的舰中，2 艘在黑海舰队，2 艘在太平洋舰队，1 艘在波罗的海舰队。1995 年出售给乌克兰 1 艘。

■ 研制历程

　　首舰于 1966 年在加里宁格勒服役。该级最后 1 艘舰于 1976 年完工。有多艘 3 型舰在乌克兰服役。该级舰设有艏舌门和艉舌门。3 型舰的舰桥结构升高，增加了艏甲板室以安装对岸轰击火箭发射架。4 型舰与 3 型舰类似，只是在上层建筑之后的中线上增加了 2 座双联装 25 毫米火炮。除了 1 个沿舰体延伸 91.4 米长的坦克甲板外，还有 2 个较小的甲板区和 1 个舱。

基本参数	
舰长	113米
舰宽	15.5米
吃水	4.5米
满载排水量	4700吨
航速	18节
续航力	10000海里（航速15节）
舰员编制	100人
动力系统	2台柴油机

▲ 1171 型鳄鱼级坦克登陆舰俯视图

■ 作战性能

舰载 2 座或 3 座双联装 SA–N–5 "杯盘"舰对空导弹发射装置，手动瞄准，共 16 枚导弹。2 座双联装 25 毫米（4 型舰）火炮。1 座 BM–21 自行火箭炮（3 型舰和 4 型舰）。火控系统为 1 部光学指挥仪（3 型舰和 4 型舰），2 部 "顿河 2N" 对海搜索雷达。

1171 型鳄鱼级坦克登陆舰侧视图

知识链接 >>

1171 型鳄鱼级坦克登陆舰选用的 BM–21 火箭炮是苏联研制的一种 122 毫米 40 管自行火箭炮，绰号 "冰雹"，早期绰号为 "斯大林风琴"。该炮于 1964 年开始装备于陆军炮兵部队。主要用于消灭集结地域内的有生力量和技术兵器；压制敌炮兵连和迫击炮连；破坏敌野战工事和支撑点。它通常配置在己方后 2 千米 ~ 6 千米的范围内，压制纵深为 14 千米 ~ 18 千米。

NATYA-CLASS

娜佳级远洋扫雷舰（苏联 / 俄罗斯）

■ 简要介绍

娜佳级远洋扫雷舰是苏联建造的一级远洋扫雷舰，是苏联 / 俄罗斯海军远洋扫雷舰的主力，适用于扫除磁性水雷、音响水雷、机械水雷等多种水雷，也是一级既可扫雷又有一定作战能力的多用途扫雷舰。该级舰还出口印度、利比亚、叙利亚等国。

■ 研制历程

从 20 世纪 60 年代末起，苏联海军开始崛起并日益走向远洋。这一情况对苏联海军的远洋扫雷能力提出新的要求。只有这一能力得到提升，苏联舰队才能在远洋免受水雷的威胁。有鉴于此，苏联海军开始研制新一代远洋扫雷舰。

1970 年，外界首次发现了这种新型扫雷舰。苏联将其称为 266M 阿克瓦马兰级远洋扫雷舰，北约则称其为娜佳级远洋扫雷舰。

1980 年，苏联海军试制了一艘铝质娜佳级扫雷舰。北约将其称为娜佳 II 级扫雷舰。之前的娜佳级扫雷舰被换称为娜佳 I 级扫雷舰。

▲ 娜佳级远洋扫雷舰侧视图

基本参数

基本参数	
舰长	61米
舰宽	10.2米
吃水	3米
满载排水量	804吨
航速	16节
续航力	3000海里（航速12节）
舰员编制	67人
动力系统	2台M504型柴油机

■ 作战性能

武器装备：2 座四联装 SA-N-5/8 "杯盘" 导弹发射装置；4 门 AK230 型 30 毫米 /65 倍径（2 座双联装）舰炮，或 2 座 AK306 型 6 管 30 毫米 / 65 倍径舰炮，或 2 座双联装 26 毫米 / 80 倍径舰炮。

扫雷工具：1台或2台GKT-2机械扫雷具；1台AT-2水声搜索扫雷具；1台TEM-3磁性扫雷具。

雷达系统：1部"顿河2"或"浅水槽"型水面搜索雷达；1部"歪鼓"型火控雷达（部分舰艇）；2部"方头"和1部"高杆"B型敌我识别系统；1部MG79/89型舰壳声呐。

知识链接 >>

扫雷具是用机械器具扫除水雷或模拟舰船物理场诱爆水雷的扫雷武器。按拖带方式分为拖曳式扫雷具和艇具合一式扫雷具；按工作原理可分为接触扫雷具、非接触扫雷具。通常装备在扫雷舰艇或扫雷直升机上，能成批清除水雷，效率较高。

鲍里斯·奇利金级补给舰

（苏联/俄罗斯）

■ 简要介绍

鲍里斯·奇利金级是苏联的一级重要补给舰，相对于能力更强却又生不逢时的别烈津河级综合补给舰，鲍里斯·奇利金级才是真正的主力补给舰。本级舰一共 6 艘，分别是："鲍里斯·奇利金"号、"鲍里斯·布托玛"号、"德涅斯特河"号、"金里奇·加萨诺夫"号、"伊万·布波诺夫"号和"符拉基米尔·科列奇特斯基"号。

■ 研制历程

20 世纪 60 年代中期，为了与美国海军抗衡，争夺海洋霸主的地位，苏联海军由近海防御转向远洋进攻，在大量建造大型作战舰艇的同时，也极力扩充后勤支援船队，别烈津河级、鲍里斯·奇利金级和杜布纳河级补给舰就是在这种背景下建造的。

鲍里斯·奇利金级不是专门建造的补给舰，而是从民用的伟大的十月革命级油船改装而来的。苏联共改装了 6 艘，现在仍然有几艘在服役。首舰于 1971 年由在列宁格勒（今圣彼得堡）的波罗的海船厂开工建造，原有 6 艘，现在役 4 艘。首舰"鲍里斯·奇利金"号已于 1997 年转给乌克兰，另有 1 艘现已退役。

基本参数	
舰长	162.1米
舰宽	21.4米
吃水	10.3米
满载排水量	23450吨
航速	17节
续航力	10000海里（航速16节）
舰员编制	75人
动力系统	1台柴油机

▲ 正在补给作业中的鲍里斯·奇利金级补给舰

鲍里斯·奇利金级补给舰的使命是给大型舰只补给导弹及各种物资。该舰补给设备齐全，有3个龙门架，2个液货站，5个干货站。舰中桅杆两侧有2根15米长的吊杆，舰艉有一台吊车，可以进行横向、纵向补给物资。自卫武器包括2座双联装AK-725型57毫米舰炮和2座AK-630型6管30毫米舰炮。可运载油料13000吨，弹药400吨，备品400吨，粮食及日用品400吨，淡水500吨。

知识链接 >>

该补给舰虽已老旧，但俄罗斯将它们当作是航母的补给舰来用的。俄罗斯唯一的航母"库兹涅佐夫"号出海，都往往要带上鲍里斯·奇利金级补给舰。该舰的补给能力还是很强的，搭载的货物包括：普通燃油8250吨，柴油2050吨，航空燃油1000吨，饮用水1000吨，锅炉用水450吨，润滑油250吨（4种），干货和食物220吨。

▲ 鲍里斯·奇利金级补给舰俯视图

BEREZINA-CLASS

别烈津河级综合补给舰

（苏联／俄罗斯）

■ 简要介绍

别烈津河级是当前俄罗斯海军最大的一艘综合补给舰。上层建筑分设在前、后两部分。中部设补给装置，后部上层建筑的末端是直升机机库，带 2 架卡－25C 型直升机，直升机可承担反潜和垂直补给任务。机库后面是直升机平台。别烈津河级是俄罗斯海军第一艘装备直升机的辅船，也是俄罗斯第一艘装备舰对空导弹发射装置的补给舰，还是唯一装备 RBU1000 6 管反潜火箭发射装置的辅船。从航速和武器装备看，除了作为航行补给舰使用外，其还可作指挥舰、制海舰使用。

■ 研制历程

苏联海军在 20 世纪 70 年代以前，其绝大多数补给舰都是由民用油船改装的，后勤支援能力十分有限。随着其海军战略由近海防御转为远洋进攻，苏联海军在 20 世纪 70 年代先后建造了 6 艘鲍里斯·奇利金级和 2 艘别烈津河级综合补给舰。别烈津河级综合补给舰是俄罗斯海军目前最大的一级综合补给舰，首舰建成于 1977 年，由尼古拉耶夫船厂建造。

基本参数	
舰长	212米
舰宽	26米
吃水	11.8米
满载排水量	35000吨
航速	22节
续航力	15000海里（航速16节）
舰员编制	600人
动力系统	2台柴油机

▲ 补给作业中的别烈津河级综合补给舰

■ 作战性能

　　别烈津河级综合补给舰的补给装置设在中部，有 3 个补给门架，共有 6 个横向补给站，前、后门架有 4 个补给站用于干货补给，中间门架的 2 个补给站用于液货补给。前、后门架附近有 4 部 10 吨起重机，并排布置。中、后门架间有一层补给甲板，甲板上设置一间甲板室，补给指挥控制中心便设在此。艉部有纵向补给站，用于液货补给。

▲ 补给作业中的别烈津河级综合补给舰

知识链接 >>

　　苏联的油船大多数以河命名，且种类繁多，先后设计建造了伏尔霍夫河级、阿赫图巴河级、鲍里斯·奇利金级等大型运油船。为了满足载机巡洋舰的远洋作战需求，苏联开始了综合补给舰的研制工作，但也就仅仅建造了一艘，即"别列津河"号综合补给舰，直到苏联解体也没有再生产出任何综合补给舰。

LENIN (1957 ICEBREAKER)

"列宁"号核动力破冰船

（苏联／俄罗斯）

■ 简要介绍

    "列宁"号核动力破冰船是世界上第一艘采用原子能反应堆产生的能量进行行驶的船只，主要担负在北海航线上破冰和引导运输船只的任务。除了在 1967 年靠港进行过维修，它几乎不间断地航行了 30 年，共行驶654400 海里，其中破冰里程达 560600 海里，共引导过 3741 艘货船的运输。现在，"列宁"号停泊在摩尔曼斯克港，成了一个博物馆，供游客参观。

■ 研制历程

    "列宁"号核动力破冰船于 1956 年 8 月24 日开始建造，由于人们要求破冰船即使是在设备严重损坏的情况下依然要保持高效率的工作状态，因此从一开始就决定至少要使用两个反应堆，后来为了提高破冰船的可靠性，最终安装了三个反应堆装置。1957 年下水，赫鲁晓夫亲自将其命名为"列宁"号。1959 年12 月 7 日首航，同年 12 月交付海军舰队使用。它比美国第一艘核动力水面舰艇导弹巡洋舰"长滩"号（CGN-9）早了两年多时间。1986年发生切尔诺贝利事故之后，"列宁"号被暂停使用。2009 年 5 月，"列宁"号在俄罗斯摩尔曼斯克正式光荣退役。

基本参数	
船长	134米
船宽	27.6米
船高	16.1米
满载排水量	19000吨
航速	18节
船员编制	243人
动力系统	3个反应堆装置

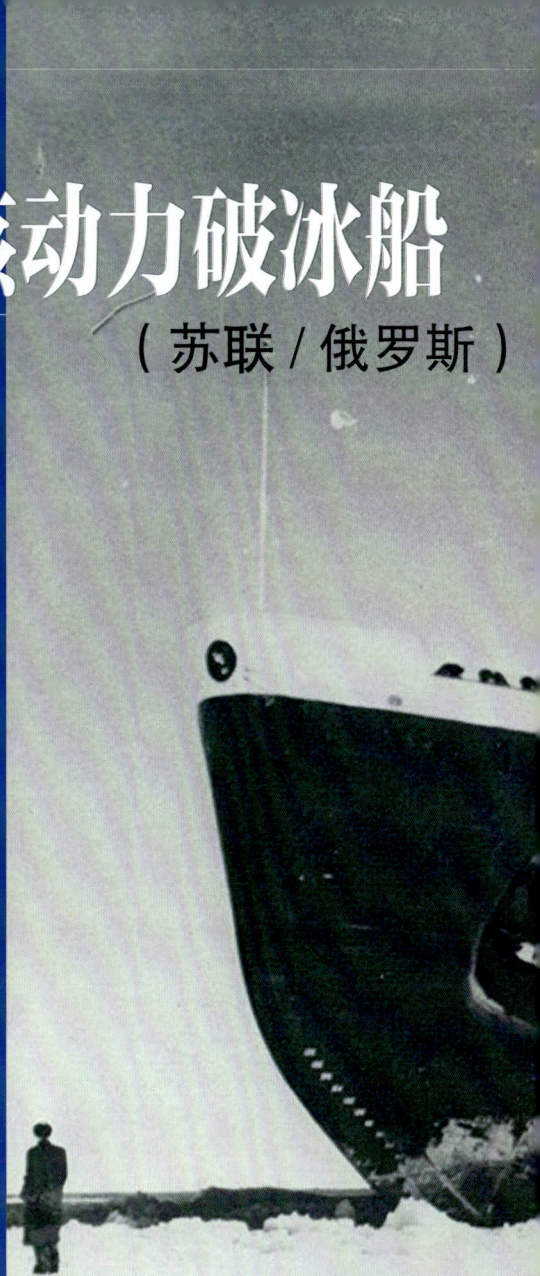

■ 作战性能

    "列宁"号核动力舱反应堆被一个特制的盖子密封，而且不能打开。船上安装有 3 台 90兆瓦 OK-150 型压水堆。这个核反应堆与苏联第一代核潜艇上安装的反应堆类似，但是技术不甚完善，在运行过程中曾发生过两起事故（分别发生在 1965 年 2 月和 1967 年），但后来都进行了修复。不过，1967 年那次事故造成的损害较大，使得船上的核反应堆被拆除，后来更换为 171 兆瓦的新型 OK-900 型反应堆。

"列宁"号不仅以核动力傲视全球，它的设计也让很多同类型破冰船难以与其比肩。秉承苏联式的宏大建筑模式，"列宁"号内部空间较大，设备齐全，装修豪华。餐厅的布置类似酒店，音乐厅是船员们解乏和打发寂寞的最好场所，他们还会自发地组织小型音乐会。

▲ 退役后供游客参观的"列宁"号核动力破冰船

SSV-33

"乌拉尔"号核动力侦察船

（苏联 / 俄罗斯）

■ 简要介绍

　　"乌拉尔"号核动力侦察船是集电子侦察、通信和指挥功能于一身的巨型核动力情报搜集船。该船体积庞大，是当时世界各国海军建造过的体积最大的情报船。与苏联海军其他侦察情报船相比，这艘专门针对美苏冷战而设计的"航母情报船"，有着自身独特的优势。由于船体较大，它能够安装多种电子设备，不仅能监听美国所有洲际导弹和战略航空兵机场的无线电信号及大部分美军侦察和通信卫星发回的微波信号，还可用作海战指挥预警中心，向苏联军政领导人直接传送战略情报。尤其是其无须加油，可长时间游弋在美国近海实施抵近侦察的特点，使得"乌拉尔"号成为美国政府最头痛的苏联军舰之一。

■ 研制历程

　　"乌拉尔"号核动力侦察船是苏联国防部于 1977 年决定开工建造，该级船只建 1 艘，代号"1941 泰坦工程"。于 1981 年 5 月在列宁格勒（今圣彼得堡）波罗的海船厂动工，1983 年 5 月下水，1989 年 8 月服役。"乌拉尔"号核动力侦察船的船体基于基洛夫级巡洋舰来设计，使用了一样的主机配置，采用核动力与蒸汽轮机联合推进的动力系统。

基本参数	
舰长	265米
舰宽	30米
吃水	7.5米
满载排水量	35000吨
航速	21.6节
舰员编制	950人
动力系统	核动力与蒸汽轮机联合推进

▲ 在船厂等待拆解的"乌拉尔"号核动力侦察船

■ **作战性能**

　　"乌拉尔"号核动力侦察船先天不足,后天乏力,一直不能充分发挥实战效能。主要是建造质量有些问题,核动力装置冷却系统故障未能消除,吨位巨大,维修不便;加上生不逢时,苏联解体,这艘巨无霸基本上成了摆设。

CCB-33

知识链接 >>

　　"乌拉尔"号核动力侦察船在1990年由于水兵乱扔烟头引发的一场大火,使得锅炉受损,舰上电缆几乎全被烧毁。此后由于缺乏维修资金,常年停泊在俄罗斯马加丹军港。2003年,该舰核反应堆的隔离层出现破裂,经紧急抢修后未发生核泄漏事故。2010年,据报道该船已经在远东的俄太平洋舰队下游企业"星星"厂开始解体。

"乌拉尔"号核动力侦察船俯视图

TARANTUL-CLASS

毒蜘蛛级导弹快艇（苏联 / 俄罗斯）

■ 简要介绍

毒蜘蛛级导弹快艇是苏联 20 世纪 70 年代后期建造的，因建造时期不同而分成Ⅰ型、Ⅱ型、Ⅲ型和改进Ⅲ型 4 种型号。它们之间在所使用的艇载武器、动力装置、电子设备上有较大不同，而在艇型、排水量、外形尺寸及总体性能上却相差不大。俄罗斯海军毒蜘蛛级导弹艇有 30 多艘在役，出口也达 20 多艘，成为接替黄蜂级导弹艇出口的主要艇型。毒蜘蛛级是俄最主要的出口型导弹艇，印度是其最大的使用国，甚至引进了相应的生产线。

■ 研制历程

毒蜘蛛级导弹快艇自 20 世纪 70 年代后期诞生，工程代号 1241，由苏联海军纳奴契卡级轻型导弹护卫舰发展而来。与早期研制的导弹艇相比，毒蜘蛛级导弹快艇的排水量增加到 500 吨左右，适航性及续航力都有了较大的提高，所携带的武器系统也有了很大的提高，新型舰舰导弹也提高了射程及抗干扰能力。

基本参数	
艇长	56.1米
艇宽	11.5米
吃水	2.5米
满载排水量	540吨（Ⅲ型艇）
航速	40节
续航力	1500海里（航速20节）
艇员编制	34人
动力系统	全燃动力装置

▲ 毒蜘蛛级导弹快艇正视图

毒蜘蛛级导弹快艇虽然吨位不大，但其艇载电子设备安装密度大，艇载武器威力大，装备有先进的舰舰导弹、防空导弹及舰炮。它体现出苏联/俄罗斯舰艇设计的优良传统，即在最大程度上提高舰艇的火力打击能力。航空母舰是现代大型舰队的编队核心，是真正的海上巨无霸。但是，就像大象怕老鼠一样，庞大的航母竟然也对小小的毒蜘蛛级导弹快艇畏惧三分。

知识链接 >>

"毒蜘蛛"具有"蜇"航母的火力，当然不是要它与航母一对一地较量。在组织攻击航母的多层火力中，不仅可运用单艘"毒蜘蛛"，更要发挥"毒蜘蛛"群的作用。只要让"毒蜘蛛"有攻击航母的机会，航母就会穿膛破肚。"毒蜘蛛"攻击航母，靠的是出奇制胜。

▲ 毒蜘蛛级导弹快艇侧视图

IVAN ROGOV-CLASS

伊万·罗戈夫级船坞登陆舰

（苏联 / 俄罗斯）

■ 简要介绍

伊万·罗戈夫级船坞登陆舰的出现，曾引起世界各国海军的普遍关注——因其新颖的设计和特殊的外形。该级舰功能比较齐全，能装载登陆艇、坦克、车辆、直升机、人员和其他装备，是一级多功能的船坞运输舰。由于舰艇设有跳板和双扇侧开式艇大门，所以该级舰具有直接抢滩登陆能力。加之舰上配备较多的电子设备，可兼作两栖战指挥舰使用。从舰的功能上看，充分体现了"均衡装载"和"一舰多用"的设计思想。

■ 研制历程

从 20 世纪 60 年代中期开始，苏联海军执行从近海防御向远洋进攻转变的战略。在建造各种大型舰艇的同时，于 20 世纪 70 年代开始研制船坞运输舰。该级舰在加里宁格勒的扬塔尔船厂建造，共建成 3 艘。

首舰"伊万·罗戈夫"号于 1978 年服役；第 2 艘舰"亚历山大·尼古拉耶夫"号于 1982 年 4 月下水；第 3 艘舰"米特罗凡·莫斯卡连科"号于 1991 年 5 月服役。

基本参数	
舰长	157.5米
舰宽	24.5米
吃水	6.5米
排水量	14060吨
航速	19节
续航力	7500海里（航速14节）
舰员编制	239人
动力系统	2台燃气轮机

■ 作战性能

武器方面：1 座双联装 SA-N-4"壁虎"舰对空导弹发射装置，共 20 枚导弹；2 座四联装 SA-N-5"杯盘"舰对空导弹发射装置。1 座双联装 76 毫米炮；1 座 BM-21 型 122 毫米炮（海军型）；2 座 20 管火箭发射装置；4 座 6 管 AK630 型 30 毫米炮。4 架卡-29"蜗牛"B 直升机。

◀ 伊万·罗戈夫级船坞登陆舰正视图

知识链接 >>

伊万·罗戈夫级船坞登陆舰采用的SA-N-4"壁虎"是苏联20世纪60年代发展的全天候型近程低空舰对空导弹武器系统，主要用于对付直升飞机，也可以攻击逼近的敌人舰艇。该系统的设备结构比较紧凑，占地不大，所以适合装在不同的舰只上。从20世纪70年代初开始装备以来，在12种级别的121艘舰艇上共有3080枚导弹，是苏联海军装舰较多的一种舰对空导弹。

▲ 伊万·罗戈夫级船坞登陆舰俯视图

ROPUCHA-CLASS
775型蟾蜍级坦克登陆舰
（苏联/俄罗斯）

■ 简要介绍

775型坦克登陆舰，北约称为蟾蜍级，是苏联在1965年开始建造的首批大型登陆舰鳄鱼级的基础上发展起来的坦克登陆舰。该级舰吃水比鳄鱼级要小，易于直接抢滩登陆，并且在一定程度上满足了均衡装载的要求，提高了独立作战能力。该级舰与伊万·罗戈夫级船坞登陆舰一起，被认为是苏联两栖战舰迈入先进行列的标志。经过20世纪90年代的兵力削减，目前在俄罗斯海军中尚有18艘蟾蜍级在役。

■ 研制历程

蟾蜍级坦克登陆舰有两个型号，Ⅰ型舰共建25艘，在波兰的格但斯克列宁造船厂建成。建造分两段时间进行，一段是1974—1978年，另一段是1980—1988年。Ⅱ型舰共建3艘，首舰于1987年动工，于1990年5月服役，第3艘已于1992年建成。

基本参数	
舰长	112.5米
舰宽	15米
吃水	3.7米
满载排水量	4080吨
航速	16节
舰员编制	950人
动力系统	2台16ZVB40 / 48柴油机

▲ 775型蟾蜍级坦克登陆舰正视图

■ 作战性能

武器装备：1 座四联装 SA-N-5 "杯盘" 舰对空导弹发射装置（部分舰上）；2 座双联装 57 毫米炮（Ⅰ型舰）；1 座 76 毫米炮（Ⅱ型舰）；2 座 30 毫米炮（Ⅱ型舰）；2 座 BM-21 型 122 毫米炮（某些舰装有）；2 座 20 管火箭发射装置；92 枚触发水雷；2 部压力箱光学指挥仪。

电子设备：1 部对空 / 海搜索雷达；1 部 "顿河·2" 或 "纳耶达" 导航雷达；1 部 "皮手笼"（Ⅰ型舰）或 "歪椴树"（Ⅱ型舰）炮瞄雷达；2 部 "高杆 A" 或 "盐罐 A" 敌我识别雷达。

▲ 775 型蟾蜍级坦克登陆舰侧视图

知识链接 >>

雷达敌我识别系统是用以识别雷达发现目标敌我属性的电子设备。由装在雷达上的询问机和装在各种飞机、舰艇、坦克上的应答机组成。当雷达发现目标时，控制询问机发出信号，如系己方目标，目标上的应答机自动发出回答信号，询问机接收信号并解码后，输出标志给雷达显示器从而判定目标的敌我属性。

ZUBR-CLASS

野牛级气垫登陆舰（苏联／乌克兰

■ 简要介绍

野牛级气垫登陆舰，又译为贼鸥级气垫登陆舰，它以其555吨的满载排水量成为当时世界上最大的气垫登陆船舶，且容纳能力远大于现今不由任何母船搭载，完全依靠本身续航力的船坞登陆舰和两栖攻击舰。其任务是运载主战坦克等重型装备和人员，并为登陆部队提供一定程度的火力支援，除了抢滩之外也可担负后勤支援工作。为了增强在滩头敌火下的存活率，它的舰体设有装甲板，能给舰上人员提供一定程度的保护。

■ 研制历程

苏联海军总共打算建造13艘野牛级气垫登陆舰，由阿玛兹厂建造的首舰（MKD-51）于1983年开工，1988年进入波罗的海舰队服役。其中阿玛兹厂建造7艘（实际完成6艘），大海造船厂建造6艘（实际完成5艘）。苏联解体后，原本由大海造船厂建成、进入苏联海军服役的MDK-57、MDK-123、MDK-97移交乌克兰，另有两艘在苏联解体时尚未完工，也由乌克兰继续建成并在乌克兰海军服役。

基本参数	
舰长	57.3米
舰宽	25.6米
吃水	1.6米
满载排水量	555吨
航速	60节
航程	300海里
艇员编制	31人
动力系统	5台柴油发电机组

▲ 野牛级气垫登陆舰打开前舱门

■ 作战性能

野牛级配备了岸轰火力支援与防空自卫武器，舰艏两侧各装有 1 座 MS-2277 Ogon 22 联装 140 毫米多管火箭发射器。舰桥前方的两侧各装有 1 门 AK-630 30 毫米 6 管旋转机炮，用于射击水面、岸上目标或进行防空自卫。此外，舰上还有 2 座双联装 MTU-2 短程防空导弹发射器，每座发射器各备有 16 枚 SA-N-5 短程防空导弹。此外，必要时野牛级也能担任布雷任务，此时舰上车辆甲板可储存 80 枚水雷，由舰艉舱门施放。

知识链接 >>

野牛级气垫登陆舰的浮桥式舰体由两道纵向的水密隔舱分成三个部分，两侧的区域用于设置轮机舱、舰上乘员与部队的住舱、放置起居生活设施等，这两个区域具有核生化防护能力。人员居住区域装置空调、通风系统，具有隔音、绝热措施，并以耐震结构与机舱连接。中间的区域则是一个宽约 5 米的大型车库甲板，用于承载各型车辆装备，并由位于舰艏与舰艉的跳板舱门直接驶进/驶出。

▲ 飞驰的野牛级气垫登陆舰

BUYAN-CLASS

21630型暴徒级小型导弹舰（俄罗斯）

■ 简要介绍

21630型导弹舰，代号"暴徒"，是一种先进的小型水面作战舰艇。其采用隐身设计，上层建筑外形简洁流畅、向内倾斜，烟囱置于艇两舷侧与海面平行以减少红外信号。它的尺寸和排水量小，是俄罗斯海军专门为里海区舰队量身定制的小型舰艇，主要用于保护里海200海里专属经济区及丰富的海底油气资源。

■ 研制历程

苏联解体后俄罗斯虽然较少设计建造新的大型水面作战舰艇，但在过去几年内先后向国际市场推出了多种小型作战舰艇，如20970型卡特兰级等。与此同时，在国家经济不断好转的情况下，为满足本国海军的作战需求，俄罗斯开始有针对性地设计建造少量先进的水面作战舰艇，如21630型暴徒级炮艇等。

俄罗斯海军在1999年公开招标建造暴徒级炮艇，包括同在圣彼得堡的北方造船厂、金刚石船舶制造公司等在内的多家著名造船厂参与竞争。俄海军在2003年春季宣布金刚石船舶制造公司胜出。2005年2月25日，首艇"阿斯特拉罕"号开工，同年10月7日下水，2006年9月1日服役。

基本参数	
舰长	62米
舰宽	9.6米
吃水	2.04米
满载排水量	520吨
航速	28节
自持力	10天
动力系统	2台柴油机

▲ 21630型暴徒级小型导弹舰侧视图

武器装备：1门 AK-190 型 100 毫米单管舰炮，2 座 AK-306 型 6 管 30 毫米近防舰炮，1 座 6 联 ZIF-122 舰空导弹发射装置，1 座 8 联装通用发射系统（SS-N-27"俱乐部"反舰/巡航导弹），1 座 MS-73Grad-M 40 管 122 毫米多用途火箭发射装置，2 挺 KPV 14.5 毫米机枪。

电子设备：1 部 Pozitiv 对空/对海搜索雷达，1 部 MR-231 导航雷达，1 部 Laska 火控雷达（控制舰炮），1 套光电跟踪系统，1 套电子对抗系统，2 座 PK-10 Smelyy 箔条发射器等。

知识链接 >>

21630 型暴徒级小型导弹舰选用的 3M-54 巡航导弹（北约代号：SS-N-27"Sizzler"，惯称俱乐部导弹）是由俄罗斯革新家设计局研发的一型通用巡航导弹。该型导弹搭载平台多，有潜射、空射、地面发射等型号，最大射程约 500 千米，具有体积小、重量轻、精度高、威力大的特点，还采用了亚声速或亚超声速结合的弹道，具有高突防概率和高命中率。

▲ 21630 型暴徒级小型导弹舰发射"俱乐部"反舰/巡航导弹

ALEXANDRIT-CLASS

12700型亚历山大级扫雷舰（俄罗斯）

■ 简要介绍

12700型扫雷舰，北约代号：亚历山大级，是俄罗斯21世纪初期研制建造的新型扫雷舰。该型扫雷舰船体由复合材料建造，在减少其维护需求的同时，降低了电磁特征。其最大的特点是船体采用玻璃钢增强材料，真空整体成形建造而成。整体成形的优点很多，相比传统的建造方法，其强度更高，使用寿命也更长。

■ 研制历程

欧洲和国际问题研究中心专家瓦西里·卡申认为，俄罗斯一直在使用20世纪70年代开始服役而今已过时的苏联扫雷舰（鲁宾266计划），无法保护海军基地。为解决这一问题，俄罗斯加紧建造12700型扫雷舰。

12700型扫雷舰首舰"亚历山大·奥布霍夫"号于2011年9月22日铺设龙骨，由于经费不足，缺乏静态噪声和振动水平测试专用设备，其噪声和振动测试被大幅简化，就改为和系泊试验一起进行。2014年3月26日，正在建造的12700型扫雷舰首舰正式命名为"亚历山大·奥布霍夫"号。2014年6月下水，2016年12月交付俄罗斯海军波罗的海舰队。后续舰正在建造中，预计总建造装备40艘。

基本参数	
舰长	61米
舰宽	10米
吃水	3.68米
满载排水量	890吨
巡航速度	16节
续航力	1680海里（航速10节）
舰员编制	44人
动力系统	2台柴油机

▲ 12700型亚历山大级扫雷舰侧视图

■ 作战性能

　　12700 型扫雷舰可以布设沉底水雷、反潜鱼水雷和反潜火箭水雷。在最重要的猎雷—扫雷设备方面，装备有自航式无人猎雷—扫雷器、"巡视者"MK.2 无人水雷战系统、单舰拖曳机械扫雷具、编队式拖曳机械扫雷具和声扫雷具。舰上配有 6 管 30 毫米机炮和 12.7 毫米机枪。其最大问题是缺乏反潜武器，反潜能力严重不足。

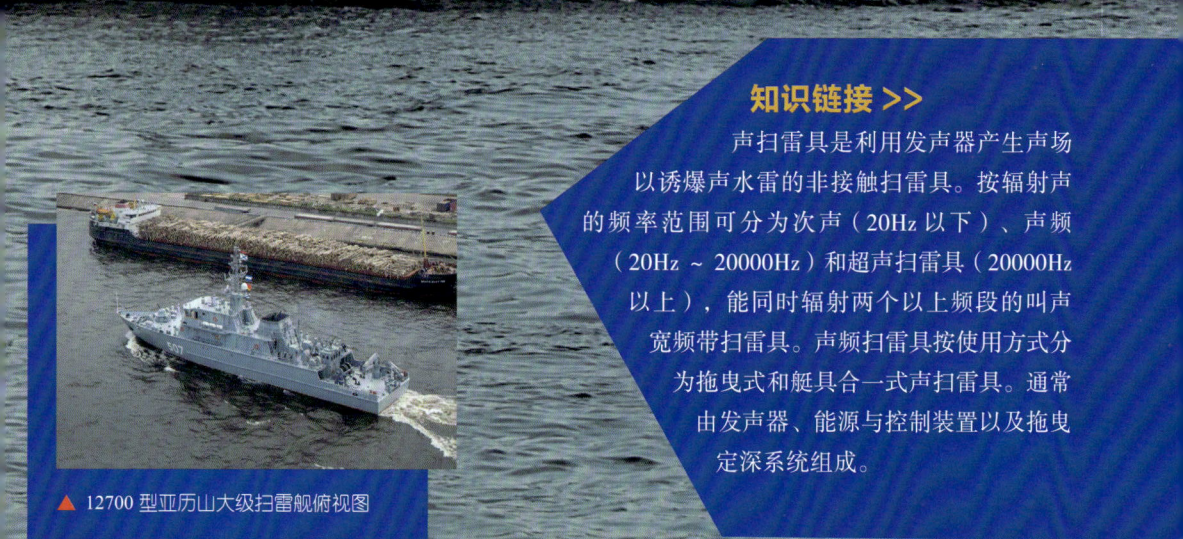

知识链接 >>

　　声扫雷具是利用发声器产生声场以诱爆声水雷的非接触扫雷具。按辐射声的频率范围可分为次声（20Hz 以下）、声频（20Hz ~ 20000Hz）和超声扫雷具（20000Hz 以上），能同时辐射两个以上频段的叫声宽频带扫雷具。声频扫雷具按使用方式分为拖曳式和艇具合一式声扫雷具。通常由发声器、能源与控制装置以及拖曳定深系统组成。

▲ 12700 型亚历山大级扫雷舰俯视图

11711 型伊万·格林级坦克登陆舰

（俄罗斯）

■ 简要介绍

进入 21 世纪后，俄罗斯海军主力登陆舰还是苏联时代的 775 型蟾蜍级和 1171 型鳄鱼级，在购买法国西北风两栖登陆舰失败之后，俄罗斯迫切需要这两艘 11711 型伊万·格林级坦克登陆舰来充实海军力量。建成的 11711 型伊万·格林级坦克登陆舰依然采用传统的二战登陆舰设计，舰艏设计大开口，舰艉设计跳板和坞舱，舰体内部贯通，以方便装备调度。

■ 研制历程

11711 型伊万·格林级坦克登陆舰由圣彼得堡涅瓦设计局设计，首舰"伊万·格林"号于 2004 年 12 月 24 日在琥珀造船厂开工，由于经费问题，数次停工，2012 年 5 月 18 日下水。2015 年 6 月 11 日，11711 型第二艘"彼得·莫古诺夫"号开工建造，2018 年 5 月 25 日在杨塔尔造船厂下水。2018 年 6 月 20 日，首舰"伊万·格林"号（舷号 135）在波罗的海之滨的俄罗斯琥珀造船厂举行入役仪式，正式加入俄罗斯北方舰队科拉海区舰队的登陆舰第 121 支队。

基本参数	
舰长	120米
舰宽	16.5米
吃水	3.6米
满载排水量	5000吨
航速	18节
自持力	30天
舰员编制	100人
动力系统	2台柴油机

▲ 11711 型伊万·格林级坦克登陆舰正视图

11711 型伊万·格林级坦克登陆舰武器包括 1 座舰艏的 AK-630M-2 双联 6 管 30 毫米全自动舰炮，2 门 AK-630M 近防炮，2 座 A-215 冰雹 M 火箭炮；可装载 13 辆主战坦克或 36 辆各类装甲车辆以及 2 架卡-29 直升机，300 名全副武装的海军陆战队员或 1500 吨各类物资。

知识链接 >>

涅瓦设计局是俄罗斯最老牌的水面舰艇设计局，擅长载机舰与大型登陆舰设计。其始于 1931 年 1 月 18 日，当时根据全苏造船工业联合会中央局的命令，成立了独立经济核算的特种造船局——中央船舶制造设计局，负责集中进行军事造舰的设计工作。1967 年，中央设计局改名为涅瓦设计局。该局设计了莫斯科级、基辅级及库兹涅佐夫级航空母舰。

▲ 11711 型伊万·格林级坦克登陆舰俯视图

HUNT-CLASS

亨特级扫 / 猎雷舰（英国）

■ 简要介绍

亨特级扫 / 猎雷舰是英国皇家海军 13 艘反水雷船舰之一。这一类船舰把两个分离的角色——传统的扫雷舰和现代的猎雷舰艇合二为一。亨特级扫 / 猎雷舰也可作为渔业巡逻舰。在 20 世纪 80 年代初引进后，亨特级是最大的不用玻璃钢建造的军舰，也是最后一个使用三角形二冲程柴油发动机的军舰。该舰采用高干舷主甲板，贯通式主甲板向后倾斜过渡延伸至艇艉作业甲板，艇舯上层建筑前缘装有高大的舰桥，锥形封闭式主桅位于艇舯部，大型烟囱装有黑色顶罩，位于主桅后方。

■ 研制历程

亨特级扫 / 猎雷舰共建造 11 艘，是由菁草造船有限公司和霍氏克罗夫特公司在 1978—1988 年建造，1979 年首舰开始服役。除了"米德尔顿"号、"柯茨摩尔"号是由克莱德河上的菁草造船有限公司建造，其他的全部由伍尔斯顿的霍氏克罗夫特公司建造，"阔恩"号是亨特级反水雷舰最后一艘。

基本参数	
舰长	60米
舰宽	10米
满载排水量	750吨
续航力	1500海里（航速12节）

▲ 亨特级扫 / 猎雷舰俯视图

■ 作战性能

武器装备：1 门 DES MSIDS30B 30 毫米 75 倍径炮，2 门厄利孔 BMARC 20 毫米 GAM–C01 炮（希腊无此装备），2 挺 7.62 毫米口径机枪。扫雷装备：2 部 PAP104 105 型遥控可潜扫雷具，MS14 磁性探雷指示环装置，斯佩里 MSSAMK1 拖曳式水声扫雷装置，常规 K8 型"奥罗柏萨"扫雷具。

知识链接 >>

猎雷程序：当探测声呐发现水雷后，将遥控灭雷具投放水中，在猎雷指挥控制中心指令的引导下，灭雷具慢速接近目标，使用引爆装置或爆破式割刀，引爆沉底雷或扫除锚雷，然后将灭雷具收回舰上。到了 20 世纪 80 年代，新建造和改装的猎雷舰艇达 80 余艘，约占反水雷舰艇总数的 12%。猎雷舰艇已逐渐成为主要的反水雷舰艇。

▲ 亨特级扫/猎雷舰侧视图

FORT VICTORIA-CLASS
维多利亚堡级补给舰（英国）

■ 简要介绍

维多利亚堡级补给舰是英国皇家海军首级综合补给舰，其设计吸取了美国、法国、意大利等国海军综合补给舰的经验。其具有多用性，除执行海上补给和直升机维修服务外，还具有执行自然灾害救援、防御布雷和提供基地后勤支援等多种任务的能力。在支援部队登陆方面还可用于输送登陆部队，运输供应物资和支援沿海作战，并设有海鹞战斗机应急着舰设施。

■ 研制历程

英国为建立一支能在 21 世纪初配合 42 型驱逐舰、X 型和 23 型护卫舰一起活动的后勤支援舰队，考虑更换老一代补给舰。鉴于马岛海战的经验，英国决定仿效美国、法国、意大利等国的综合补给舰概念，建造一级新补给舰。

1984 年 6 月，英国国防部宣布新补给舰计划，1985 年 10 月选定最终设计，1986 年 4 月与哈兰·沃尔夫船厂签订第一艘建造合同，1988 年 1 月又与斯旺·亨特造船公司签订第二艘建造合同。第一艘由于建造期间遭到损坏而导致服役期推迟。原计划建造 6 艘，现已建成 2 艘，由于经费所限，其余建造计划搁浅。

基本参数	
舰长	203.5米
舰宽	30.4米
吃水	9.8米
满载排水量	36580吨
航速	20节
舰员编制	95人
动力系统	2台柴油机 6台发电机组

▲ 维多利亚堡级补给舰后视图

■ **作战性能**

舰炮：2 座 DES/MSIDS30B 型 30 毫米 75 倍径火炮；2 座 MKl5 20 毫米密集阵近程防御系统。

直升机：5 架 "海王" / EHl01 直升机。

对空搜索：996 型，3 坐标 E/F 波段雷达。

雷达：1 部 1007 型导航雷达；1 部 UNCLEUSE/F 波段飞机管制雷达。

电子战系统：1 套 182 型拖曳式鱼雷诱饵；4 座 "盾牌"（SHIELD）干扰火箭发射装置或 4 座 6 管 "海蚊" 120 毫米干扰火箭发射装置。

液货：12505 立方米燃油、润滑油、淡水。干货：6234 立方米弹药、冷冻货物。

▲ 补给中的维多利亚堡级补给舰

知识链接 >>

维多利亚堡级补给舰船体为全焊接的钢结构，斜艏柱带球鼻艏，方艉，庞大的艏部上层建筑，长艉楼，二层连续甲板，主甲板以下由 15 个横舱壁隔开，在船 110～220 号肋骨间用 800 毫米肋骨间距，艏、艉尖舱间用 600 毫米肋骨间距。完整的双层底用以装载柴油、淡水、压载水等。前、后分开的两个上层建筑都具有内倾斜的侧面，以减少雷达信号特征。艉部有直升机平台和机库。

桑当级猎雷舰（英国）

■ 简要介绍

桑当级猎雷舰的舰体采用目前最先进的玻璃钢舰体技术建造，为单层结构，并用先进的模压技术将骨架与舰壳制成一体。这个玻璃钢壳体本身是横骨架式，但由于将骨架和舰壳做成一体，就省去了舰体结构中昂贵、复杂的连接构件。实舰抗冲击试验证明，该舰体抗冲击能力远远超过北约标准。该舰所用的玻璃钢技术已出口西班牙，用在西班牙海军新型猎雷巡逻艇上。除此之外，该级舰的另一个主要特色是为2只PAP-104MK5灭雷具设置了2个专用库，从而大大地提高了灭雷具的可用性。

■ 研制历程

1985年4月28日，首舰"桑当"号建造合同签订，1987年2月2日开工建造，1989年3月入役。1986年年末，英国国防部要求沃斯帕－桑尼克罗夫特有限公司和亚罗造船有限公司为后续舰的建造投标。1987年7月，沃斯帕－桑尼克罗夫特有限公司战胜对手，获得4艘后续舰的建造合同，价值1.9亿美元。1993年11月，第一批订购的5艘舰全部交付使用。

基本参数	
舰长	52.5米
舰宽	10.5米
吃水	2.3米
满载排水量	484吨
航速	13节
续航力	3000海里（航速12节）
舰员编制	34人
动力系统	2台帕克斯曼·瓦伦塔6RP200E柴油机

▲ 演习中的桑当级猎雷舰

作战性能

该级舰的核心是马可尼公司研制的第三代反水雷舰艇综合指挥、控制和导航系统"瑙蒂斯"系统。其水雷销毁任务由2只PAPl04MK5遥控灭雷具完成。装有微处理器，支持可靠的高速数据传输。主要装备包括1台高分辨率近距声呐或1台中距定位声呐、1台微光电视摄像机或1台彩色电视摄像机和1个120千克炸药包。除此之外，该级舰还安装了1座厄利孔30毫米舰炮作为自卫武器。

知识链接 >>

20世纪70年代后，英国在20世纪50年代中期建造的顿级扫雷艇迅速老化，反水雷手段明显落后，而其有限的排水量又使得它难以进行大规模的现代化改装。尽管其中某些艇曾被改装成猎雷艇，但由于其艇壳已开始腐烂，后来不得不退役。1983年中期，英国国防部与沃斯帕·桑尼克罗夫特有限公司签订500吨级单任务猎雷舰的设计合同，桑当级猎雷舰由此诞生。

▲ 桑当级猎雷舰后视图

HMS OCEAN (L12)

"海洋"号两栖攻击舰（英国）

■ 简要介绍

　　"海洋"号两栖攻击舰被英国皇家海军划为直升机两栖突击母舰，亦为现皇家海军唯一的直通甲板两栖舰，单舰成级。本舰的设计衍生自无敌级航空母舰，但为了最大化压低成本而采用全民用商规建造，这也使得本舰以16950万英镑的全合约造价成为世界上最便宜的同型舰（以购买力平价计，16950万英镑仅相当于同时期一艘护卫舰的造价）。它的服役让皇家海军时隔22年之后（"竞技神"号在1976年改为反潜航空母舰），再度拥有专用两栖突击直升机母舰。

■ 研制历程

　　"海洋"号两栖攻击舰在1994年5月30日在船厂安放第一块龙骨，1995年10月11日下水，其舰体在下水时受到若干损坏但很快便被修复。1996年11月，它以自身动力航行到维克斯造船及工程公司的巴罗港船厂进行舾装工作。1998年2月20日，由英国女王伊丽莎白二世主持命名仪式。1998年9月30日加入皇家海军服役。

基本参数	
舰长	203.43米
舰宽	35米
吃水	6.5米
满载排水量	20700吨
航速	18节
舰员编制	255人
动力系统	2台PC2MK-6柴油机

■ 作战性能

　　"海洋"号上的自卫武装与无敌级航空母舰的差不多，都设有 3 座 MK15 型密集阵近程防御系统和 4 门双 30 高平机炮。为了节省成本，"海洋"号只有 996 型二维对空搜索雷达，没有无敌级上的 1022 型三维搜索雷达，但足够为近迫武器系统提供目标。

知识链接 >>

　　"海洋"号两栖攻击舰服役后，先后参加了中美洲的救灾行动，以及向塞拉利昂派遣维持和平部队的任务，证实了它的能力。2004 年的 3 月 1 日至 31 日，英国陆军操作的 WAH-64 武装直升机在"海洋"号上进行为期一个月的舰艇 / 直升机操作极限测试（SHOL），旨在验证 AH-64 在军舰上操作的种种特性与需求，科目包括起降以及驻舰整补、维修等，这创造了阿帕奇系列首次在军舰上的操作纪录。

ALBION-CLASS
海神之子级船坞登陆舰（英国）

■ 简要介绍

　　海神之子级船坞登陆舰，又称阿尔比恩级两栖船坞攻击舰，是英国皇家海军隶下的一型两栖船坞登陆舰，也可作为海军远征两栖舰队旗舰。它负责运送部队以及武器、军备和一定数目的补给品，抵达后使用登陆艇和直升机等工具，将部队和装备送上岸，亦可担任舰队旗舰，负责指挥整场两栖作战。它较好地体现了"均衡装载"思想，具有很强的装载能力，成建制地将登陆部队及其作战装备、物资等均衡地装在一艘舰上。

■ 研制历程

　　20世纪末，无畏级开始老化，接近其设计寿限，于是英国国防部着手研究下一代两栖部队。建造新型两栖战舰艇，加强两栖战能力，成为英国皇家海军的当务之急。英国海军首先发展的是有较强垂直登陆能力的直升机两栖攻击舰。

　　海神之子级船坞登陆舰共建造了2艘，首舰"海神之子"号于2003年6月19日服役。二号舰"堡垒"号于2004年12月10日正式服役。

基本参数	
舰长	176米
舰宽	28.9米
吃水	6.6米
满载排水量	18400吨
航速	18节
续航力	8000海里（航速15节）
舰员编制	325人
动力系统	2台瓦特西拉·瓦萨公司的16V32E柴油发电机/2台瓦特西拉·瓦萨公司的4R32E柴油发电机/2台低速电动机

▲ 海神之子级船坞登陆舰

■ 作战性能

海神之子级船坞登陆舰舰体内部的陆战队员住舱可载运 325 名海军陆战队员，同时还能装载其全部装备。车辆甲板上可停放 6 辆"挑战者 2"主战坦克和 6 门 L118 型 105 毫米榴弹炮，或 30 辆 BV206 BVIO 全地形车，或 67 辆战术支援车辆。

舰艉坞舱宽大，可装载 4 艘 LCU MK10 通用登陆艇或 2 艘大型气垫登陆艇，每艘 LCU MK10 艇能搭载 35 名登陆部队队员或 2 辆轻型卡车；通过舰艉的压舱物，坞舱可沉入水中，以便让登陆艇顺利驶离；坞舱前是车辆甲板，坞舱与车辆甲板之间用人工消波设备隔开，以防止舰艇沉浮时海浪涌入。

知识链接 >>

2010 年 12 月，皇家海军无敌级"皇家方舟"号航空母舰退役后，"海神之子"号成为皇家海军的新一任旗舰。2011 年 10 月 19 日，皇家海军"堡垒"号正式接替其姊妹舰"海神之子"号，成为英国皇家海军的旗舰。2017 年 7 月 21 日，"海神之子"号在完成维修和海试之后，正式返回现役。

▲ 海神之子级船坞登陆舰释放气垫船

BAY-CLASS

海湾级船坞登陆舰（英国）

■ 简要介绍

　　海湾级船坞登陆舰是英国建造的新一代大型登陆舰。它没有舵，而是使用特殊的螺旋桨和船艏推进器进行操纵，以增加其作战时的稳定性。该舰的先进设计使它能够在3级海况下进行离/靠岸操作，而且不需要抛锚增加其机动性。除具有投送部队进入战场的能力，这些舰也同样适用于低强度操作，如在塞拉利昂作为和平支援行动的平台，或者进行海啸救护等人道主义和灾难解救。这些能力在已经入役的首舰"芒特斯"号上得到了证实。

■ 研制历程

　　进入21世纪，服役已30余年的无恐级船坞登陆舰因性能较差，已不适应英国海军海上行动的要求。2000年年初，英国海军决定发展一级海湾级新型船坞登陆舰，并于同年6月招标。最后，斯万·亨特船舶有限公司和BAE系统公司船舶分公司被选中。海湾级首舰"芒特斯"号于2001年开始研制，2006年进入皇家海军服役。

基本参数	
舰长	176.6米
舰宽	26.4米
吃水	5.1米
满载排水量	16190吨
航速	18节
续航力	8000海里（航速15节）
舰员编制	59人
动力系统	2台瓦西拉8L26发动机 2台瓦西拉12V26发动机

▲ 海湾级船坞登陆舰正视图

武器系统：4 门 75 倍口径 Oerlikon L / 75KCB 30 毫米舰炮。运载能力：陆战队员 356 人，32 辆"挑战者 2"主战坦克或 150 辆轻型卡车，12 个 40 尺或 24 个 24 尺集装箱，2 艘 Mk.5LCVP 登陆艇，1 艘 Mk.10LCU 登陆艇，2 艘救生艇。电子设备：2 部 Type-1007 导航雷达（1 部用于舰载机导航），UAT-1 电子对抗系统等。舰载机：可搭载"默林""支奴干"多用途直升机或 V-22"鱼鹰"倾转旋翼机。

▲ 海湾级船坞登陆舰后视图

知识链接 >>

V-22"鱼鹰"倾转旋翼机是美国一型具备垂直起降（VTOL）和短距起降（STOL）能力的倾转旋翼机。在固定翼状态下，它是一架在两侧翼尖有两个超大螺旋桨的飞机；在直升机状态下，它是一架有两个偏小旋翼的直升机。这样使其具备直升机的垂直升降能力，但又拥有固定翼螺旋桨飞机高速、航程远及油耗较低的优点，最大飞行速度达 509 千米，是世界上飞最快的直升机。

ARCHER-CLASS
射手级巡逻艇（英国）

■ 简要介绍

射手级巡逻艇是英国皇家海军装备的一种小型巡逻艇，同时也被称为"快速训练船"。

该艇采用柴油机动力双轴推进器，艇体是玻璃钢加固的塑料成形的外壳。它虽小，但也是皇家海军正式协议订货并经全面测试和验收的。射手级巡逻艇在和平时期作为训练船使用，而在武装冲突时可作为巡逻艇发挥作用。弯刀级巡逻艇是其次型级。

■ 研制历程

射手级巡逻艇，最初是英国为阿曼海岸警卫队设计建造的巡逻艇，以 P2000 型号出口装备阿曼 10 艘，首艇 1985 年服役。随后英国皇家海军巡逻艇订购招标时，该型艇作为皇家海军预备役训练艇中标，并被皇家海军大学（URNU）选用装备 4 艘。该型艇总计建造 16 艘。

■ 作战性能

艇上装备 1 门欧瑞康 20 毫米机炮，3 挺通用机枪。使用的是迪卡 1216 导航雷达。

基本参数	
艇长	20.8米
艇宽	5.8米
吃水	1.8米
满载排水量	54吨
航速	25节
航程	550海里
动力系统	C18ACERT柴油机

▲ 射手级巡逻艇编队

▲ 射手级巡逻艇

P275

知识链接 >>

英国皇家海军，简称为皇家海军，是英国的海上作战力量。虽然军舰早在中世纪就被英国国王使用，并投入到百年战争期间的第一场重要海战中。但现代皇家海军起源却要追溯到 16 世纪初，它于 18 世纪先后与荷兰、法国争夺过海上霸权。皇家海军曾是世界上最强大的海军，直到二战期间被美国超越。今日皇家海军仍然是世界上最先进的海军之一，也是为数不多的蓝水海军。

弯刀级巡逻艇（英国）

■ 简要介绍

弯刀级巡逻艇是英国皇家海军的一型内河轻型快速巡逻艇，主要用于近海和江河巡逻。原计划该艇用于在北爱尔兰近海水域反恐作战，后获得皇家海军的认可，两艘弯刀级快速巡逻艇进入英国皇家海军的直布罗陀中队，成为守护直布罗陀海峡、海岸的支援舰艇。这两艘巡逻艇，以及三个刚性充气艇，可支援英国皇家海军的演习和军事行动。

■ 研制历程

弯刀级巡逻艇是由英国 BAE 系统公司设计研制的轻型水面舰艇，本级艇共建两艘，分别为 P284 "希米塔尔" 号和 P285 "赛搏雷" 号。另外，塞浦路斯海军也订购了弯刀级巡逻艇。

■ 作战性能

弯刀级巡逻艇装备了大马力柴油机，采用双轴推进，保证了快艇可达到 32 节 / 小时的高航速。该级快艇装备了两挺机枪，具有不俗的火力。为了巡逻和侦测，该型艇还配置了传感器和导航雷达。

基本参数	
艇长	16米
艇宽	3.1米
吃水	1.2米
排水量	24吨
航速	32节
航程	260海里
艇员编制	7人
动力系统	2台2480LEX柴油机

▲ 弯刀级巡逻艇侧视图

巡逻艇是用于在江河、近岸海域执行巡逻警戒或维护边境秩序的小型水面艇只。主要担负护航护渔、搜索救助、边防人员交通、应付突发事件等任务。巡逻艇装有小口径舰炮、机枪和完成某些特殊任务所需的装备。按使用水域，可分为沿海巡逻艇、边防巡逻艇、内河巡逻艇等。

▲ 巡逻中的弯刀级巡逻艇

TIDE-CLASS
潮汐级舰队油船（英国）

■ 简要介绍

潮汐级母型 Aegir（艾吉尔）油船采取系列化设计，三种型号（Aegir-10、Aegir-18、Aegir-26）分别对应三种不同吨位以满足不同客户的需求，数字后缀大体上与不同船型的载重吨位相对应。潮汐级舰队油船基于系列吨位最大的 Aegir-26 构型发展。船体设计上，潮汐级相对其取代对象的最大特点是采取符合 MARPOL 公约的双壳体设计，有助于减少或防止漏油。其建造过程中大量采用商用现成组件，降低了全寿期运营成本。

■ 研制历程

2002 年，英国提出了海上力量延伸与维持（MARS）计划，旨在为皇家海军辅助舰队（RFA）购买 11 艘各种类型的支援舰艇。2012 年 2 月 24 日，韩国的大宇造船海洋株式会社（DSME）被英国海军选定为 MARS 油轮项目的第一中标者。英国国防部于同年 3 月与 DSME 签订了 4.52 亿英镑的合同，建造 4 艘基于 BMT 集团 AEGIR 系列设计的油轮。

潮汐级首舰"春潮"号于 2014 年 12 月铺设龙骨，2015 年 4 月下水。2017 年 11 月 27 日，"春潮"号正式服役。

基本参数	
舰长	200.9米
舰宽	28.6米
吃水	10米
满载排水量	39000吨
航速	26.8节
续航	18200海里
舰员编制	63人
动力系统	CODELOD（柴电推进）

▲ 潮汐级舰队油船

　　武器配置上，潮汐级舰队油船前后各安装一座 MK15 型密集阵近程防御系统，同时在舰桥两侧安装 30 毫米机炮各一座。航空设备上，本级舰机库支持运作 AW.101 以及 AW.159 等级直升机的能力，飞行甲板规格满足起降 CH-47 等级直升机的要求。任务设备和搭载能力方面，本级舰搭载 24000 立方米燃油（630 万加仑），装备 3 个液货补给站以及纵向补给设备，同时具备直升机垂直补给能力。

知识链接 >>

　　英国的 MARS 计划包括三种不同类型的舰艇：舰队油船、干货补给舰以及远程航空支援舰，为直升机提供任务支持。然而由于经济危机和政策调整因素，MARS 计划在 2008 年被取消并分解为一系列规模相对较小、单次仅涉及单一舰种的采购。而率先进行采购的就是 RFA 新一代舰队油船。

▲ 潮汐级舰队油船先进的内部设施

OURAGAN-CLASS

暴风级船坞登陆舰（法国）

■ 简要介绍

暴风级船坞登陆舰是法国海军在战后建造的多用途船坞式登陆舰，集货船、运输舰、浮力船坞、登陆艇母舰及指挥舰等两栖登陆作战功能于一身，主要任务是装运登陆艇和兵员实施大规模两栖登陆作战或远洋快速反应作战。用作运输舰时，可装运1500吨物资；用作登陆艇母舰时，可装运2艘载11辆轻型坦克的EDIC型登陆艇，或18艘LCM-6型登陆艇，或1艘EDIC型和9艘机械化登陆艇；用作浮坞时，可接纳424吨的MSC型扫雷艇；用作指挥舰时，可利用舰载的声呐、雷达等电子设备，指挥海、空及地面部队登陆作战。

■ 研制历程

暴风级是法国于1962年开始建造的第一代两栖船坞登陆舰。该级舰包括"暴风"号和"暴风雨"号两艘，由布雷斯特海军造船厂建造，分别于1965年和1968年建成服役。"暴风"号主要在法国本土与塔西提岛之间运输物资，"暴风雨"号则在南太平洋那努瓦环礁的核试验场参与试验。

基本参数	
舰长	149米
舰宽	23米
吃水	5.4米
满载排水量	8500吨
航速	17节
续航力	9000海里（航速15节）
舰员编制	213人
动力系统	2台柴油机

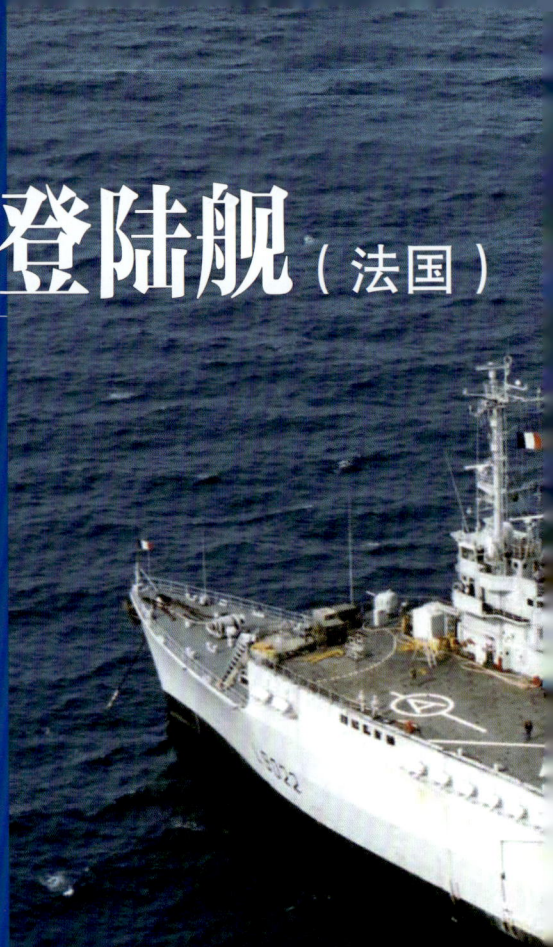

■ 作战性能

暴风级船坞登陆舰的舰载机为AS332F"超美洲豹"多用途直升机和SA321G"超黄蜂"反潜直升机。舰上装备2座"辛伯德"双联装舰空导弹发射装置、2座40毫米"博福斯"舰炮、4座12.7毫米机枪、2座120毫米迫击炮、1部DRBV5IA搜索雷达、2部1266导航雷达、1部"萨格姆"火控系统及1部SQSl7型声呐。另外，该舰装备有"西北风"舰空导弹和改进型"海麻雀"导弹，近海攻防作战能力较强。

　　"博福斯"系列舰炮是瑞典博福斯公司为中小型舰艇设计的通用紧凑舰炮，最初被应用于海岸巡逻船和快速攻击艇。由于该型舰炮体积紧凑，具备防空对陆以及一定的反导能力，非常适合中小型舰艇。

▲ 暴风级船坞登陆舰俯视图

148级虎式导弹艇（法国）

■ 简要介绍

148级虎式导弹艇系法国设计建造的斗士Ⅱ型艇的改进型，是以联邦德国雷申船厂20世纪50年代研制的美洲虎级、140级和141级鱼雷艇的艇体设计为基础，经过数次修改后发展起来的。它出售给西德海军后，成为西德海军20世纪七八十年代的突击力量的中枢。20世纪90年代以后，该级艇逐渐退出了现役，但由于其良好的作战效能，20艘艇最后只有3艘落得了拆除的下场，而其余的都换了身份和名字继续活跃在希腊、智利和埃及的海防前线。

■ 研制历程

148级虎式导弹艇一共建造了20艘，编号从S-41到S-60，所有快艇都是由法国诺曼底机械制造公司负责建造的。1970年12月签订协议，1972年10月，首艇开始服役。需要注意的是，此时，以色列海军订购的12艘萨尔级艇（这时还不能称作"导弹艇"）已经全部回国。直到1975年5月，这20艘快艇全部完工，联邦德国海军开始逐渐淘汰鱼雷艇，这些鱼雷艇被出售到国外。

基本参数	
艇长	47米
艇宽	7米
吃水	2.7米
满载排水量	265吨
航速	36节
续航力	1600海里（航速15节）
艇员编制	30人
动力系统	全柴动力装置

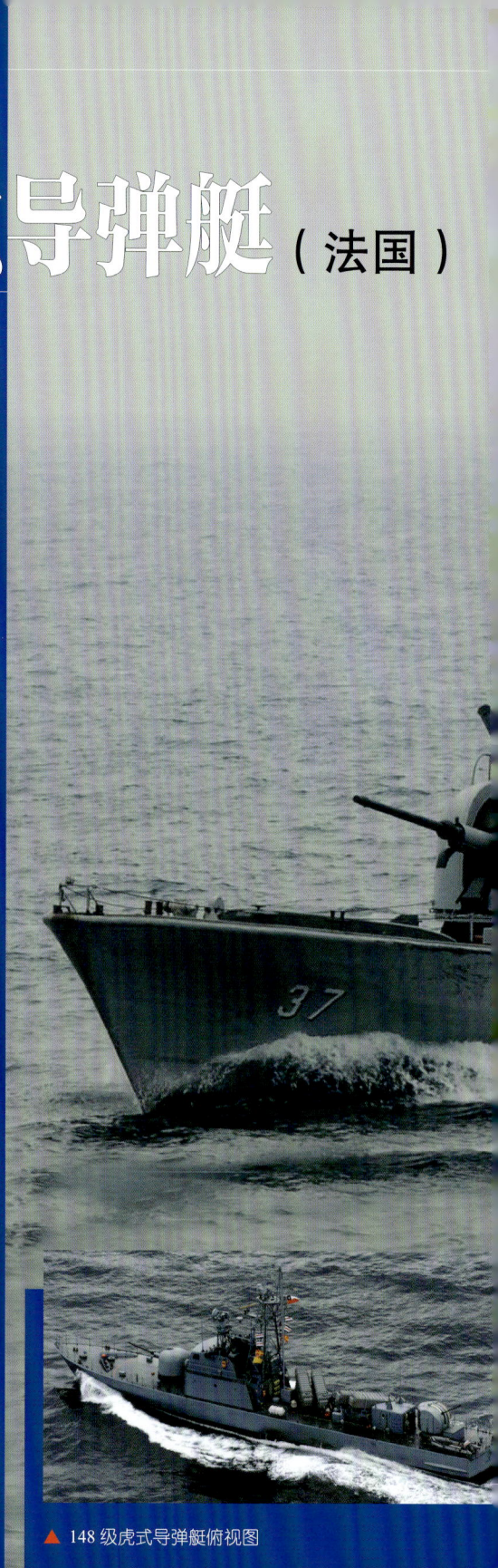

▲ 148级虎式导弹艇俯视图

148 级虎式导弹艇主要武器包括 4 座
MM38"飞鱼"反舰导弹发射装置,1 座奥托·梅
莱拉 76 毫米单管炮, 1 座"博福斯"40 毫米
火炮。主要电子设备有 1 部织女星火控系统,
1 部"海神"对海对空目标搜索雷达, 1 部
3RM-20 型导弹雷达和 1 部北河三星炮瞄雷达,
还有电子抗干扰设备和被动式敌我识别器。

知识链接 >>

MM38"飞鱼"反舰导弹是法国航
空航天公司开发的一种亚音速近程掠海反舰
导弹。1971 年 7 月至 1972 年厂方进行了研制核
定形试验,1972 年至 1974 年法国海军和英国
及联邦德国分三阶段共同进行了测试,共计
发射 40 枚, 38 枚获得成功。

▲ 148 级虎式导弹艇侧视图

DURANCE-CLASS
迪朗斯河级补给舰（法国）

■ 简要介绍

法国建造的迪朗斯河级补给舰采用球鼻艏、方艉，有艏楼、桥楼，补给装置在中部，艉部有直升机平台和机库。船上装"锡拉库斯"卫星通信系统，可提供对地球任一位置的即时通信，以满足海上指挥控制的需要。其主要使命是为海军特混舰队进行航行补给，向舰队提供燃油、航空油、弹药、食品和备件。此级船具有一定的出口潜力。

■ 研制历程

法国海军的后勤支援力量在 20 世纪 70 年代以前只有 2 艘 60 年代由运输油轮改装的燃油补给船，为了支援舰艇的远洋活动，70 年代初开始研制新补给船，在法国海军装备总局主管下，新船设计思想是将多种后勤支援功能集中在一个平台上，以迅速为舰队提供补给。

法国海军装备总局于 1971 年开始迪朗斯河级补给舰的初步设计，1973 年订购的第 1 艘后勤支援功能集中的补给船。共建造 5 艘船。前 4 艘船由布雷斯特海军船厂建造，第 5 艘船由诺曼底船厂建造。

基本参数

舰长	157.3米
舰宽	21.2米
吃水	10.8米
满载排水量	17900吨
航速	19节
续航力	9000海里（航速15节）
舰员编制	164人
动力系统	2台SEMT-皮尔斯蒂克柴油机

■ 作战性能

武装方面：2 座双联"西北风"舰空导弹，3 座 30 毫米火炮，4 挺 12.7 毫米机枪，1 架"山猫"直升机。2 部 1226 型导航雷达，电子侦察干扰设备，"锡拉库斯"卫星通信系统。

装载能力：燃油 7500 吨，柴油 1500 吨，航空煤油 500 吨，蒸馏水 140 吨；食品 170 吨，弹药 150 吨，备品 50 吨。

▲ 迪朗斯河级补给舰

知识链接 >>

　　"西北风"舰空导弹是法国研制的一种全天候近程舰载防空导弹武器系统。主要用来对付低空、超低空飞机和直升机的攻击，其改进型具有反掠海反舰导弹的能力。1980年正式服役。有效射程700米～8500米，有效射高为4米～3000米，全弹长2.94米，弹径0.156米，全弹质量87千克，最大飞行速度为2.3倍音速。最大杀伤半径8米，采用雷达或红外跟踪，无线电指令制导。

CLASSE TRIPARTITE

三伙伴级猎雷舰

（法国／荷兰／比利时）

■ 简要介绍

三伙伴级猎雷舰是法国、荷兰、比利时三国合作研制的典范。该级舰主要用于搜寻和排除沉底水雷和锚雷，也可用于巡逻、训练，以及作为遥控扫雷艇母舰、潜水作业母船和污染控制母船。其舰体采用法国希尔歇级猎雷舰的改进型，为长艏楼型，艏楼约占 3／4 舰长。舰上采用 2套独立的推进系统，主推进系统为 1 台增压柴油机，主要用于巡航和扫雷航行，辅助推进系统则为了在猎雷时降低噪声并提高操纵性。

■ 研制历程

法国、荷兰、比利时三国由于地理位置和环境大致相同，面临的反水雷任务也基本相同，因而 20 世纪 70 年代中期，三国决定联合研制一级猎雷舰。其中法国负责猎雷系统，荷兰负责主推进系统，比利时则包下了全部电气设备。整个研制费用由三国各分担 1/3，而各国造舰费用均由自己承担。法国海军现已装备了 10 艘三伙伴级猎雷舰；荷兰海军共建成入役了 15 艘，其中 5 艘卖给了拉脱维亚；比利时海军则建成服役了 10 艘，其中 3 艘转让给了法国。

基本参数	
舰长	51.5米
舰宽	8.9米
吃水	2.5米
满载排水量	595吨
航速	15节
续航力	3000海里（航速12节）
动力系统	1台韦克斯普增压柴油机

▲ 三伙伴级猎雷舰后视图

■ 作战性能

　　三伙伴级舰船体采用玻璃钢建造。为减缓航行及停泊时的摇摆，还使用了当时最新式的主动式防摇水舱。其猎雷系统由声呐、精密定位导航设备、情报中心、灭雷设备等组成。舰壳声呐能同时摸索和识别沉底雷和锚雷。搜索水雷深度可达 80 米，搜索距离大于 500 米，辨认水雷深度可达 60 米。在沿岸水域，定位误差不大于 15 米。扫雷系统由一套轻型切割扫雷具和一部扫雷绞车组成，主要用于扫除触发锚雷。

▲ 三伙伴级猎雷舰侧视图

知识链接 >>

　　舰壳声呐是声呐基阵安装在舰艇壳体上的声呐的统称，是舰艇声呐的一种主要类型。与舰艇拖曳声呐相比，舰壳声呐种类多，使用方便，但受本舰噪声干扰大，存在艉部盲区。按基阵安装方式主要有固定式和升降式两种。大、中型水面舰艇舰壳声呐，多采用固定式；小型水面舰艇，多采用升降式（有的采用固定安装于舰艇龙骨中前部的附体式）。

FS JEANNE D'ARC HELICOPTER CARRIER

"圣女贞德"号直升机母舰（法国）

■ 简要介绍

"圣女贞德"号直升机母舰，是第一艘专为装载直升机而设计的航空母舰，它的构型特殊，结合了一般水面作战舰艇基本构型与大型航空甲板，着重于操作直升机，但仍搭载完善的武装，必要时可作为两栖登陆舰，还可执行人道主义使命。

■ 服役历程

"圣女贞德"号直升机母舰于1959年在法国布雷斯特阿森纳DCN的洛里昂海军造船厂开始建造，1961年9月30日下水，1964年6月30日服役，之后担任法国海军军官学校远航训练舰，是冷战时期法国海军代表性象征之一，2010年9月1日退役，2014年被拆解。

"圣女贞德"号的构型从舰艏至舰艉分别为前甲板、岛式主舰桥结构及后甲板。在主舰桥前方安装有反舰导弹及2门3.9英寸（99毫米）火炮；主舰桥后方紧接着是一块长62米、宽21米的直升机起降甲板，比舰体主甲板高出一层，甲板下方的空间规划成机库；起降甲板有三个直升机起降点，最多能同时让三架直升机起降，起降甲板末端则设有一个升降机来连通下甲板机库。舰桥上方是烟囱，以防排烟影响航空作业。

基本参数	
舰长	182 米（水线：164.1 米）
舰宽	24 米（水线：22.5 米）
吃水	7.5 米
满载排水量	12365吨~13270 吨
航速	28 节
舰载机	6架~8 架超级黄蜂式直升机
续航力	6800海里（16 节），3750海里（25 节）

■ 实战表现

1988年，"圣女贞德"号船上的工作人员解救了因逃离越南而漂流海上的共计40名妇女和儿童。2004年12月，"圣女贞德"号执行过造成20万人死亡的苏门答腊海啸灾难的救援行动，并且运输过70多吨的人道主义救援物资，曾让9000名儿童在船上接种疫苗。2008年，"圣女贞德"号参与解救了庞洛邮轮公司豪华邮轮上的人质。

　　"圣女贞德"号直升机母舰在海上的主要作战任务是以反潜为主,舰上并不搭载固定翼作战飞机,因此不具备独立制空能力。"圣女贞德"号直升机母舰在其46年的服役生涯中,共停靠过800多个港岸,走遍了84个国家,共计行驶325万千米的航路里程,相当于绕地球79圈。此外,在该舰上接受过训练的学员不下数千名。

▲ "圣女贞德"号直升机母舰俯视图

FOUDRE-CLASS
闪电级船坞登陆舰（法国）

■ 简要介绍

　　法国闪电级船坞登陆舰的设计和总体布局与美国、英国、日本等国的船坞登陆舰相比较，给人一种匠心独具、别具一格的感受。该舰飞行甲板后端的升降机将坞舱、车辆库及飞行甲板有机地结合在一起，使坞舱根据需要随时可变成直升机库，而飞行甲板也随时可停放大量的车辆。尾端的活动坞舱盖，既可增加直升机起降点，又可在拆除后进行较大吨位舰艇的坞内修理。

■ 研制历程

　　法国海军在 1984—1988 年舰艇发展计划中，明确提出了建造 3 艘闪电级船坞登陆舰（法国称之为"平底驳船式登陆运输舰"TCD90）的任务。首舰"闪电"号（舷号 L9011）于 1986 年开工，1990 年 12 月服役；第 2 艘舰"热风"号（舷号 L9012）于 1998 年 2 月服役。2 艘闪电级全部在位于布雷思特的法国舰艇建造海军造船厂建造，分配到法国战斗海军土伦基地地中海司令部。

基本参数	
舰长	168米
吃水	5.2米
排水量	12400吨
航速	21节
续航力	11000海里（航速15节）
舰员编制	210人
动力系统	2台SEMT-皮尔斯蒂克柴油机

■ 作战性能

　　导弹：2 座双联装"辛伯达"舰对空导弹发射装置。舰炮：1 座"博福斯"40 毫米火炮；2 座"吉亚特"20F2 型 20 毫米炮；2 挺 12.7 毫米机枪。直升机：4 架"超美洲豹"或 2 架"超黄蜂"直升机。

　　雷达：1 部 DRBV21A "火星"对空 / 对海搜索雷达；2 部 RM1229 型导航雷达。

火控系统：萨吉姆公司的 VIGY-05 型光电系统。

作战数据系统："锡拉库斯"型卫星通信指挥系统；OPSMER 指挥支援系统。

运载能力：陆战队队员 470 名。2 艘步兵与坦克登陆艇，或 10 艘运货平底驳船，或 1 艘 P400 型巡逻艇。6 辆 AMX30 坦克，或其他各种车辆，总重为 1810 吨。

知识链接 >>

火星雷达（Mars）是法国设计与生产的一款可供水面舰艇使用的平面搜索雷达，编号 DRBV21A / TRS3015。1990 年第一次对外公开。它是采用 L 波段的二维平面搜索雷达，雷达讯号由两个固态讯号发射器模组产生，同时利用数位脉冲压缩技术。对空搜索距离为 110 千米，对海上目标搜索距离为 80 千米。

MISTRAL-CLASS
西北风级两栖攻击舰（法国）

■ 简要介绍

西北风级两栖攻击舰，或音译为米斯特拉尔级两栖攻击舰，是法国海军现役最新一型两栖攻击舰，亦为法国海军两栖作战与远洋投送主力。本级舰可以运载 16 架以上 NH-90 直升机或虎式武装直升机，70 辆以上车辆。其中包含 13 辆主战坦克的运载／维修空间，以及 900 名陆战队队员的运载空间。

■ 研制历程

冷战结束后国际间地区性冲突不断，从海上投送武力至陆地的需求与日俱增，所以许多欧洲国家海军急需扩充其两栖作战能量。为了取代暴风级并健全两栖战力，法国海军造舰局（DCN）在 1997 年展开多功能两栖攻击舰（BIP）计划。

西北风级的舰体采用模块化方式建造，可节省建造时间，全舰分为四个大型模块船段（前、后、左、右），其中舰体后半部以军规建造，前半部则依照民间规格以降低成本。

首舰"西北风"号于 2003 年 7 月 10 日在法国海军造舰局开工，2004 年 10 月 6 日下水，2006 年 2 月服役。二号舰"雷电"号于 2006 年 12 月服役，三号舰"迪克斯梅德"号则于 2012 年 1 月服役。另外，为埃及海军建造 2 艘，均于 2016 年服役。

基本参数	
舰长	199米
舰宽	32米
吃水	6.3米
满载排水量	21500吨
航速	18.8节
续航力	10700海里（航速15节）
舰员编制	160人
动力系统	3个柴油发电机组

西北风级配备 2 门布伦达·毛瑟 30 毫米 70 倍径自动化机炮、2 组人力操作的马特拉双联装"西北风"短程防空导弹发射器以及 4 挺 12.7 毫米机枪。

▲ 西北风级两栖攻击舰侧视图

知识链接 >>

2009 年，俄罗斯决定从法国购买 4 艘西北风级两栖攻击舰，这成为当代俄罗斯海军获得的第一种外国军舰，同时也是俄罗斯国防部最大一笔海外军购。2015 年年初，法国和俄罗斯报道称，由于乌克兰危机，导致陷入僵局的西北风级交易无望，同年 8 月，俄法围绕西北风级合同的谈判取得突破，法国将赔付俄罗斯近 12 亿欧元。

MIURA-CLASS

三浦级坦克登陆舰（日本）

■ 简要介绍

三浦级坦克登陆舰是日本海上自卫队中最大的坦克登陆舰，共建有 3 艘。日本于 1992 年参加联合国在柬埔寨的维和行动，2 艘三浦级运送工程机械、人员，并充当部队营地，使用中深感三浦级排水量太小的不便，最终确定建造标准排水量 8900 吨的大隅级登陆舰。三浦级坦克登陆舰在 2002 年全部退役。

■ 研制历程

三浦级坦克登陆舰共建 3 艘，由日本东京石川岛播磨重工业公司研制，首舰"三浦"号于 1973 年 11 月 26 日开工，1974 年 8 月 13 日下水，1975 年 1 月 29 日服役，2000 年 4 月 7 日退役。二号舰"牡鹿半岛"号于 1974 年 6 月 10 日开工，1975 年 9 月 4 日下水，1976 年 3 月 22 日服役，2001 年 8 月 10 号退役。三号舰"萨摩"号于 1975 年 5 月 26 日开工，1976 年 5 月 12 日下水，1977 年 2 月 17 日服役，2002 年 6 月 28 日退役。

基本参数	
舰长	98米
舰宽	14米
吃水	3米
满载排水量	3200吨
航速	14节
舰员编制	115人
动力系统	2台川崎柴油发动机

■ 作战性能

三浦级坦克登陆舰 1975 年到 2002 年担任日本海上自卫队后勤支持，但也可以用来充当重型建筑设备，例如挖沟机。该舰可载 200 名士兵、2 艘人员登陆艇、10 辆 74 式主战坦克。坦克登陆艇上装备有舰炮、搜索雷达等自卫武器。该舰在服役中，因为排水量太小使用不便，最终被大隅级坦克登陆舰代替。

JS SAGAMI (AOE-421)
"相模"号补给舰（日本）

■ 简要介绍

　　"相模"号补给舰具备了较强的海上补给能力，可装载各种油料4700吨，固体货物400吨（包括粮食、蔬菜、弹药等），基本上可以满足5艘大中型水面舰艇海上补给的需要。不过，相对于20世纪80年代后日本海上自卫队的发展及远海作战的要求仍然差距较大，加上在舰体设计及应用方面还存在一些问题，因此日本海上自卫队在建造完成首舰后并没有继续建造后续舰，而是开始了新型十和田级综合补给舰的研制。

■ 研制历程

　　20世纪70年代，随着日美军事同盟的进一步加强，日本海上自卫队的海上战略也由近海防御转变为远海防御，水面舰艇的活动区域一下子由原来的300海里向外延伸至1000海里以上，这对执行作战任务的水面舰艇的续航力及自持力提出了更高的要求。仅依靠本土基地和前进基地的补给已难以满足自卫舰队在远海的反潜、保交和护航作战需求，迫切需要综合补给舰来进行海上伴随补给。针对海上自卫队这种海上作战的实际需要，20世纪70年代中期，日本开始设计建造第一代综合补给舰"相模"号。

基本参数	
舰长	146米
舰宽	19米
吃水	7.3米
满载排水量	11600吨
航速	22节
续航力	9500海里（航速18节）
舰员编制	130人

▲ "相模"号补给舰侧视图

■ 作战性能

　　"相模"号补给舰舰体后部设有一直升机起降平台，可以满足10吨级直升机的起降要求。这个平台上还设有直升机空中悬停加油装置，直升机无须着舰即可在悬停状态下完成加油作业。发动机舱设在舰体后部，既为货舱留出更多空间，又保证了机舱上方排出的烟不会飘至补给区，影响补给作业。舰上的电子设备较少，只装了一些基本的航行、导航、通信设备，没有自卫武器系统，其海上安全要依靠其他作战舰艇来保证。不过，由于舰上没有机库，无法对直升机进行维护和保养，因此直升机不是常备的，需要时才上舰。

▲ 正在进行补给作业的"相模"号补给舰

知识链接 >>

　　"相模"号采用作动筒恒张力补给装置。加油作业可在补给站上进行流量调节、紧急关阀等操作，补给作业安全可靠。补给时，由升降机把弹药箱或弹药托盘升到主甲板，将货物转到集结区，再用小车从集结区转送到补给站进行补给。用直升机传送弹药时要用叉车将弹药运到舯部平台。食品补给采用铝箱包装，几个箱子一组在高架索上传送。补给指挥工作在补给站附近集结区总显示台上进行。

JS CHIYODA (AS 405)

"千代田"号潜艇救难支援舰（日本）

简要介绍

    "千代田"号潜艇救难支援舰是日本海上自卫队隶下，集潜艇救难舰和潜艇支援舰的功能于一身的多功能舰艇，功能作用类似于美国海军的潜艇母舰，英国皇家海军将此类舰艇称之为潜艇补给舰，但"千代田"号较潜艇母舰拥有更完善的潜艇救难设施。"千代田"号拥有一具无动力潜水钟和一具深海救难潜艇搭配精密的导航设备和声呐设备，并携带多种潜艇所需的物资。舰上设有维修工厂，能为潜艇提供维修与检查，"千代田"号几乎拥有历来所有种类的潜艇辅助船舶的功能。

研制历程

    日本海上自卫队拥有一支颇具规模的潜艇兵力，因此也十分重视潜艇救难的工作。"千代田"号是为了替换日本海上自卫队第一艘潜艇救难舰——1964 年服役的初代"千早"号（ASR-401），而在 1981 年规划的第二代潜艇救难舰，由日本三井重工玉野造船厂承造，于 1983 年 1 月 19 日安放龙骨，同年 12 月 7 日下水，1985 年 3 月 23 日交舰成军，目前是日本海上自卫队第一潜水队群的旗舰。

基本参数	
舰长	12.4 米
舰宽	3.2 米
吃水	4.3 米
排水量	40 吨
航速	17 节
舰员编制	12 人
动力系统	2 台柴油机

▲ "千代田"号潜艇救难支援舰侧视图

■ 作战性能

　　为了避免本身轮机的噪声与震动干扰到搜救时的声呐探测，"千代田"号在主机减噪制震上费了一番工夫，轮机装备均置于弹性减震基座上，以隔音罩隔离减速齿轮箱，主机舱内也设置吸音材料来降低辐射出去的噪声。拥有与观测舰艇、水雷对抗舰艇类似的精密导航/定位系统与自动航行控制系统，航行控制系统通过声呐、无线电定位仪与惯性陀螺仪等导航定位装备，能测量出海流、潮汐与波浪对船位造成的偏差，自动控制"千代田"号的主推进器与舰艏/舰艉的辅助推进器，可精准地在定点上保持船位。

知识链接 >>

　　"千代田"号采用短舰艏船楼构型，舰舯内部设有一个由上甲板垂直贯通舰底的大型作业井，作业井下方是舰底的大型舱门；操作时，将作业井底部的舰底门打开引进海水，各种深海载具通过作业井直接进入海中，返航时也是通过舰底门回到作业井。

▲ "千代田"号潜艇救难支援舰后视图

TOWADA-CLASS

十和田级补给舰（日本）

■ 简要介绍

　　十和田级补给舰是日本海上自卫队隶下的油弹综合补给舰。本级舰是继海上自卫队第一艘现代化油弹补给舰——"相模"号之后第二代现代化油弹补给舰，加上原有的"相模"号，日本海上自卫队四个在20世纪80年代陆续组建的护卫群，能平均分配到一艘补给舰。该级舰中前部仍布置各种补给设施，与"相模"号完全相同，但自动化程度明显提高，补给品全部实现了自动化传送。

■ 研制历程

　　根据日本防卫厅长官中曾根康弘在20世纪70年代规划的1000海里"航路带"构想，日本防卫省在1976年的防卫大纲之中，打算组建四个护卫群，积极拓展海上自卫队的活动范围。为了配合护卫群的组建，日本随即规划建造新的油弹补给舰，即为3艘十和田级。

　　首舰"十和田"号于1985年4月17日在日立公司造船厂开工，1986年2月6日下水，1987年3月24日服役。由于其装载能力大，性能较为先进，造价也不高，因此在首舰服役后又陆续建造了两艘后续舰，并于1990年3月同时服役。

基本参数	
舰长	167米
舰宽	19米
吃水	7.3米
满载排水量	15850吨
航速	22节
续航力	8500海里（航速20节）
舰员编制	140人
动力系统	2台三井16V42M柴油机

▲ 补给作业中的十和田级补给舰

■ 作战性能

　　十和田级补给舰可装载舰用燃油 6500 吨，航空燃油 200 吨，滑油 150 吨，粮食、蔬菜等生活补给品 600 吨。弹药库中可以装载 150 吨的导弹、鱼雷、炮弹等武器，弹药补给装置具有一次输送 1.5 吨的能力，可以满足导弹、鱼雷等各种弹药的补给需要。弹药库和燃油舱内安全设施齐全，可有效防止危险事故的发生。舰体尾部仍只布置直升机起降平台，仍没有设计机库，相对于"相模"号其垂直补给能力并没有提高。

知识链接 >>

　　为了减少研制风险及加快研制进度，十和田级基本上沿用了"相模"号的总体布局，同样为短舯楼舰型，通长甲板。桥楼设在中部稍后。但其干舷比"相模"号高出近一倍，可以有效防止海浪冲击到甲板上而影响补给作业的安全。舰体明显外飘，在起到抑制海浪作用的同时也增加了舰体内部空间。舰体不设开口，采用了全封闭设计，适航性及耐波性都有了较大提高。

▲ 十和田级补给舰俯视图

八重山级扫雷舰（日本）

■ 简要介绍

　　八重山级扫雷舰是日本海上自卫队现役海上扫雷主力。八重山级满载排水量高达 1150 吨，是全世界仅次于美国复仇者级的第二大扫雷舰艇，也是全世界最大的全木质现代设计船舶。3 艘八重山级在设计上多处参考了美国复仇者级。2017 年 6 月 6 日，最后一艘八重山三号舰"八丈山"号退役。截至退役时 3 舰均服役逾 23 年。退役前八重山级是当时世界上最大的木质舰体扫雷舰。其职能将由 3 条新建的淡路级扫雷舰接替。

■ 研制历程

　　日本海上自卫队在 1988 年决定建造一种具有深海扫雷能力的远洋扫雷舰，以清除敌方在深海布放、用来对付日本潜艇的深海水雷，这就是 3 艘八重山级的由来。

　　首舰"八重山"号由日立造船厂建造，1990 年 8 月 30 日开工，1991 年 8 月 29 日下水，1993 年 3 月 16 日服役。二号舰"对马岛"号由日本钢铁造船厂建造，1990 年 7 月 30 日开工，1991 年 9 月 20 日下水，1993 年 3 月 23 日服役。三号舰"八丈山"由日本鹤见厂建造，1991 年 5 月 17 日开工，1992 年 12 月 15 日下水，1994 年 3 月 24 日服役。

基本参数	
舰长	67 米
舰宽	11.8 米
吃水	3.1 米
满载排水量	1150 吨
航速	14 节
舰员编制	60 人
动力系统	2 台三菱6NUM-TKI柴油机

▲ 八重山级扫雷舰后视图

八重山级的装备参考了美国复仇者级扫雷舰，舰上配备美制 AN/SQQ-32 可变深度猎雷声呐以及 AN/AQS-14 可变深度侧扫声呐以探测大洋中的水雷。此外，舰上配备整合有 GPS 卫星定位系统的精密导航定位设备以及水雷作战情报系统，能精确地掌控船位以及各种扫雷作战资讯。

知识链接 >>

GPS 卫星定位系统的前身是美军研制的一种"子午仪"导航卫星系统，GPS 全球定位系统是 20 世纪 70 年代由美国陆海空三军联合研制的新一代空间卫星导航 GPS 定位系统。经过 20 余年的研究实验，耗资 300 亿美元，1994 年 3 月，全球覆盖率高达 98% 的 24 颗 GPS 卫星星座已布设完成。

▲ 八重山级扫雷舰侧视图

JS ASUKA (ASE-6102)
"飞鸟"号试验舰（日本）

■ 简要介绍

　　"飞鸟"号试验舰是日本海上自卫队隶下的大型船电试验舰。它主要用来测试日本海上自卫队为新一代主战舰艇开发的零零式射击指挥装置三型（FCS-3相控阵雷达系统）、垂直发射短程防空导弹、ATECS先进战斗系统以及新型OQQ-21低频声呐系统，这些装备都用于日本海上自卫队21世纪初期推出的日向级直升机驱逐舰与秋月级驱逐舰等新一代主战舰艇上。

■ 研制历程

　　日本海上自卫队第一艘专业实验舰是1980年服役的"久里滨"号，排水量约1000吨，因其吨位不足，无法搭载新一代一线作战舰艇的大型装备，且无系统化的整合配置设计。因此日本海上自卫队在1993年编列预算，建造针对一线作战舰艇装备的新一代试验舰。本舰交由住友重机械工业浦贺造船所承造，1993年4月21日开工，1994年6月21日下水，1995年3月22日正式服役。

基本参数	
舰长	151米
舰宽	17.3米
吃水	5米
满载排水量	6200吨
航速	27节
舰员编制	70人
动力系统	2台LM2500型燃气轮机

▲ 系泊中的"飞鸟"号试验舰

■ 作战性能

　　"飞鸟"号的舰型和"久里滨"号大不相同，满载排水量高达6200吨，整体构型类似驱逐舰。其中最主要的FCS-3相控阵雷达的四面天线集中于舰桥后方的塔状结构中，而舰桥前方的甲板则可加装16具垂直发射系统，用来测试与FCS-3搭配的美制海麻雀ESSM或日本AHRIM等先进近程防空导弹。舰艉设有一座直升机库与飞行甲板，能操作一架日本海上自卫队的SH-60J/K反潜直升机。"飞鸟"号的吨位虽是"久里滨"号的5倍以上，但由于自动化程度极高，编制人数仅比"久里滨"号略为增加，只有70人。

▲ 行驶中的"飞鸟"号试验舰

知识链接 >>

　　日本海上自卫队向来以装备精良、现代化水平高自称，故相当重视高新技术的基础研究，因而舰队司令部下辖的开发指导队群编制有专业的实验舰，作为新装备的研发测试平台，能让新装备充分地在长时间的实际测试中修正改进，却不需要调用战备舰艇来充当平台。因此，在自卫队直属自卫舰队中有一个特殊的编制，叫作开发业务队群。自卫队所有大中型水面舰艇的船电武器在服役前，几乎都要经过它的"千锤百炼"。

OSUMI-CLASS
大隅级登陆舰（日本）

■ 简要介绍

　　日本海上自卫队将大隅级登陆舰定义为运输舰，美国海军将其定义为登陆舰。本级舰的建造始于20世纪90年代初日本柬埔寨维和行动之后的"海外派遣部队输送母舰计划"，取代之前的三浦级坦克登陆舰和渥美级坦克登陆舰。本级舰设计类似意大利海军圣乔治级登陆舰，采用全通式甲板构型，舰岛位于右舷；此设计类似两栖突击舰或轻型航空母舰，曾引发邻近国家的关注。但本级舰并无高强度航空器操作能力，也没有与两栖突击舰或航空母舰同级的航空管制、战役指挥等指管通情能力。

■ 研制历程

　　大隅级的设计于1992年提出，1993年获得通过，并于1993年10月与三井重工的玉野造船厂签下首艘大隅级的建造合约。海上自卫队最初预计建造六艘，分成两批各三艘，不过只建造了第一批三艘。首舰"大隅"号由三井重工玉野厂承造，1994年10月开工，1995年12月安放龙骨，1996年11月下水，1998年3月服役；二号舰"下北"号则在1999年开工，2000年11月下水，2002年3月服役；三号舰"国东"号于2000年开工，2001年12月下水，2003年2月服役。

基本参数	
舰长	178米
舰宽	25.8米
吃水	6米
满载排水量	14000吨
航速	22节
舰员编制	135人
动力系统	2台三井16V42M-A柴油发动机

■ **作战性能**

武器装备：2座密集阵近程防御系统，4座MK137雷达干扰弹发射器。侦搜设备：OPS-14C对空搜索雷达，OPS-28D海面搜索雷达，OPS-20导航雷达。运载能力：90式主战坦克15辆，LCAC登陆气垫船2艘。

知识链接 >>

在外形与功能上，大隅级设计较接近两栖攻击舰，当时很多媒体和学者都认为日本海上自卫队使用此型登陆舰主要是为了积累开发和操作小型航空母舰时必须具备的相关经验，为更大型的直通式飞行甲板的两栖攻击舰累积相关经验。大隅级登陆舰曾运载日本陆上自卫队士兵与军用车辆参与伊拉克的维和行动。

▲ 大隅级登陆舰后视图

SUGASHIMA-CLASS

菅岛级扫雷舰（日本）

■ 简要介绍

菅岛级是日本海上自卫队现役最先进的扫雷舰。它因为能执行中远海、较深海域的扫雷任务而受到日本防卫厅偏爱。与早些年服役的宇和岛级沿海型扫雷舰相比，它缩短了艇长。外形上的缩小意味着其受风面积也有所减小，从而使得全艇的稳定性、回转性所受到的不利影响也相对要小些。舰桥后部的一对并排烟囱是它的外观标志。

■ 研制历程

20 世纪 90 年代初苏联解体、冷战结束后，日本海上自卫队在削减军费重新研究兵力的压力下，为了保持反水雷作战能力和降低采购经费，在停止了原定的八重山级舰的采购计划和宇和岛级舰的后续艇计划后，于 1995 年决定订购 2 艘造价较低的新型反水雷舰。

菅岛级扫雷舰是 1996 年 5 月日本日立重工有限公司为海上自卫队制造的一款轻型扫雷舰。首舰"菅岛"号于 1997 年 8 月下水，1999 年 3 月开始服役。到 2007 年，先后有 12 艘菅岛级扫雷舰服役。

基本参数	
舰长	54米
舰宽	9.4米
吃水	2.4米
满载排水量	510吨
航速	14节
舰员编制	45人
动力系统	2台三菱6NMU-TAI型柴油机

▲ 菅岛级扫雷舰侧视图

■ 作战性能

菅岛级扫雷舰装有 1 门 20 毫米"海火山"加特林舰炮、法国产 PAP-104-Mark5 型扫雷设备、澳大利亚产 Dyad 磁感应扫雷具、英国产 TYPE-2093 型扫雷变深声呐、FUNO 型雷达、"瑙蒂斯"-M 水雷战指挥控制系统以及英国 NAUTIS-M-1 情报处理装置。

▲ 菅岛级扫雷舰俯视图

知识链接 >>

声呐是英文缩写"SONAR"的音译,其中文全称为声音导航与测距,是一种利用声波在水下的传播特性,通过电声转换和信息处理,完成水下探测和通信任务的电子设备。英国生产的 TYPE-2093 型变深声呐是世界上第一种具有多种工作方式的变深猎雷声呐,具有传统声呐所不具备的在各种环境和状况下的深水探测性能,并且适应更高的航速。

HAYABUSA-CLASS
隼级隐身导弹艇（日本）

■ 简要介绍

　　隼级导弹艇是日本海上自卫队隶下的一型泵喷射推进系统高速导弹快艇。本级艇的船楼构型像美国伯克级驱逐舰的缩小版，同为封闭式构造，并采用向内倾斜的造型设计；此外，其反舰导弹发射器与卫星通信系统支架的外侧装备有倾斜角度的轻质合金板，水喷射推进系统的转向支柱采用菱形截面，并使用造型类似于改良型金刚级驱逐舰的倾斜式轻质合金桅杆等设计，均是为了降低雷达散射截面积，提高隐身性。

■ 研制历程

　　日本在1986—1990年间执行的"中期防卫力整备计划"中，建造18艘新一代导弹快艇（后减为9艘），头三艘就是采用水翼设计的导弹快艇（即"一号型水翼导弹快艇"），不过问题多多，因此日本海上自卫队终止了这型导弹快艇的建造，重新评估并设计一级能满足需求的导弹快艇来装备佐世保与舞鹤地方队，即隼级。

　　2002年3月25日，第一批两艘隼级导弹艇正式加入日本海上自卫队的行列；第二批两艘于2003年3月服役，而最后两艘则于2004年3月成军。

基本参数	
艇长	50.1米
艇宽	8.4米
吃水	1.7米
满载排水量	240吨
航速	44节
艇员编制	21人
动力系统	3台LM-500-G07燃气涡轮

■ 作战性能

　　本级艇艇艏装有一门奥托·梅莱拉 76 毫米紧凑快速型艇炮, 舰桥后方两侧各设有一门附有防盾的 12.7 毫米重型机枪, 由人力操作, 能在必要时进行警告射击。在反舰导弹方面, 隼级的舰艉装有两组日本自制的双联装 SSM–1B 90 式反舰导弹发射器, 此种反舰导弹与美制鱼叉导弹同级。因此, 隼级不仅具备在视距外击毁敌舰的能力, 也能在近距离以强大的火炮压倒大部分的对手, 可有效担负攻击、驱赶小型船只的任务。

知识链接 >>

　　动力方面, 隼级导弹艇采用三台美国通用公司授权石川岛播磨重工生产的 LM–500–G07 燃气涡轮, 单台功率 5400 马力; 带动三台三菱重工制造的 MWJ–900A 可转向式喷水推进系统, 使其拥有 44 节的最大航速, 灵活度也相当好。

▲ 隼级隐身导弹艇侧视图

MASYUU-CLASS

摩周级补给舰（日本）

■ 简要介绍

摩周级补给舰是日本海上自卫队隶下的大型高航速舰队油弹综合补给舰，美国海军将其划分为 AOE，即快速战斗支援舰。本级舰与美国的萨克拉门托级、供应级一样，是世界上仅有的三种快速战斗支援舰。其装载量高，动力系统强劲，航速远比一般的综合补给舰高，可以配合航空母舰战斗群和远洋海军编队战斗。摩周级也是日本海上自卫队第一种采用双层船壳设计的补给舰，能降低船壳受损破裂时油料外泄污染海洋的概率。

■ 研制历程

从 20 世纪 90 年代起，日本海上自卫队与美国在军事行动上的紧密结合，使得扩充海上补给能量成为当务之急。

2003 年 2 月 5 日，日本海上自卫队最新一代的补给舰——摩周级首舰"摩周"号下水，2004 年 3 月 15 日服役；而二号舰"淡海"号则在 2004 年 2 月 19 日下水，2005 年 3 月 3 日服役。

基本参数	
舰长	221米
舰宽	27米
吃水	8米
满载排水量	25000吨
航速	25节
舰员编制	145人
动力系统	2台Spey SM-1C燃气涡轮

▲ 补给作业中的摩周级补给舰

■ 作战性能

相较于海上自卫队过去的补给舰，摩周级设计初衷是与美军协同进行海外联合任务，所以不仅排水量与储油量更大，而且拥有更好的乘员适居性，在更长的海上作业期间能保持人员的士气与能力；舰艉设有直升机库与飞行甲板，能携带、操作直升机并提供落地维修勤务，故具有更好的长期独立作业能力，这是过去的补给舰所不具备的特征。为了应对海外人道支援任务，摩周级舰内也设有十分完善的医疗设施，能安置 100 名伤员接受治疗。

▲ 摩周级补给舰侧视图

知识链接 >>

摩周级补给舰的名字取自摩周湖，这是位于日本北海道东部川上郡弟子屈町的一个湖泊，是大约在 7000 年前因巨大的火山喷发而形成的海拔 351 米的火山口湖，是全日本透明度最高的湖泊。据 1931 年的透明度调查，摩周湖超过了当时贝加尔湖，创造了透明度 41.6 米的世界纪录。可是，后来因为养殖了虹鳟鱼等，透明度有所下降。2001 年被列为北海道遗产。

DOKDO-CLASS

"独岛"号两栖攻击舰（韩国）

■ 简要介绍

"独岛"号两栖攻击舰为独岛级两栖攻击舰首舰，也是韩国海军第一艘全通甲板式两栖攻击舰。"独岛"号服役后，韩国海军的两栖作战能力显著增强，特别是使韩国海军具备了直升机垂降突击能力，它也是一个有力的指挥情报平台。耐人寻味的是，韩国刻意选择与日本发生领土争议的独岛（日本称竹岛）来命名。除了两栖作战外，该舰也用于国际间人道维和等方面，和日本的大隅级登陆舰相似。不过其载运能力是大隅级的两倍以上。

■ 研制历程

韩国从20世纪90年代开始大力扩充海军力量，在《2000—2004年中期防务计划》中纳入两艘大型两栖直升机攻击舰，计划名为LP-X。韩国海军在2002年10月正式确定购买两艘LP-X（L-6111、L-6112）。首舰"独岛"号由韩国韩进集团建造，2002年10月28日开工，2005年7月12日下水，2007年7月3日服役。

基本参数	
舰长	200米
舰宽	30米
吃水	7米
满载排水量	19000吨
航速	23节
续航力	8000海里（航速16节）
舰员编制	320人
动力系统	4台LM-2500燃气涡轮机

▲ "独岛"号两栖攻击舰前视图

■ 作战性能

　　"独岛"号拥有完善的指管通情系统，能执行两栖、空中乃至反潜作战中，相关的指挥、管制、通信、情报搜集、监视侦搜等作业。舰上装备两种防空自卫装备，一是荷兰"守门员"近迫武器系统，二是位于舰岛顶端的美制 21 联装 MK49 型公羊（RAM）短程防空导弹发射器。舰上可搭载 10 辆主战坦克、10 架中 / 大型运输直升机。"独岛"号共可携带 5000 吨的物资装备。

知识链接 >>

　　"独岛"号两栖攻击舰拥有与美国塔拉瓦级两栖攻击舰、黄蜂级两栖攻击舰类似的构型，都采用类似航空母舰的长方形全通式飞行甲板以及位于侧舷的舰岛，并设有可装载登陆载具的舰内坞舱，不过相较于前述两种美国两栖攻击舰，"独岛"号的尺寸与吨位明显小得多。"独岛"号拥有完善的机能，将两栖攻击舰、船坞登陆舰、大型运输舰、灾害救护船的机能结合于一身，能于全球任何水域作业。

▲ "独岛"号两栖攻击舰回收气垫船

S-BOAT
德国 S 艇（德国）

■ 简要介绍

S 艇，是第二次世界大战德国的一种鱼雷艇。同盟国军队则称其为 E 艇。S 艇船体比美国的 PT 艇和英国的机动鱼雷艇要大得多，适合到外海进行长距离作战。它使得英国皇家海军开发更新型的鱼雷快艇与之对抗，如 Fairmile-D 鱼雷艇。

■ 研制历程

在二战爆发前，德国海军总共制造了 18 艘 S 艇，并逐步修改设计，使之符合作战需求，包括换装更大口径的 21 英寸（533 毫米）鱼雷、使用燃料来源较多的 MAN 制 7 汽缸直列式柴油发动机。虽然柴油发动机让 S 艇的作战半径延长到 700 海里，不过这种柴油机被认为动力不足，而后换为戴姆勒－奔驰制倒 V 型 20 汽缸柴油发动机，早期使用的 MB501 发动机输出功率为 2000PS，最高航速为 39 节，后期安装增压器的 MB518 柴油发动机，又让 S 艇的航速提升到 42 节，打击半径就从北海扩大到波罗的海直达芬兰。S 艇可以让三螺旋桨船于高速行驶时减少尾波并强化螺旋桨输出效益，使 S 艇在夜间作战时不容易被发现。

基本参数	
舰长	32.76 米
舰宽	5.06 米
吃水	1.47 米
满载排水量	100 吨
乘员	24人~30人
续航力	800海里（航速30节）
动力系统	3台柴油发动机

▲ S 艇正在吊装鱼雷

S艇在二战的德国海军中，可以和U艇相提并论，别看它只是一种轻型快艇，但是它发挥的作用却超过了不少大型舰只。S艇采用排水型的圆弧艇壳，这种艇比较瘦长，中部横剖面近似半圆，兴波阻力很小，但航速比不上滑行艇，不能超过40节。优点是耐波性好，能适应较远的海区作战。

二战时德国海军最出名的部队，无疑是U艇部队或是"俾斯麦"号战列舰。其实在德国海军中还有这样一支部队，他们经常夜间出击，战斗在距离英国最近的地方。德国人习惯把鱼雷快艇部队称为S艇部队，与U艇部队一样，是二战中德国海军的主力。

▲ S艇侧视图

ALBATROS-CLASS
信天翁级导弹艇（德国）

■ 简要介绍

信天翁级导弹艇是德国海军现役的主要导弹艇之一，它的作战技术任务书是原联邦德国海军在 1966 年公布的。该型艇的主要作战使命是：袭击水面舰艇、两栖舰队和补给舰船；保证己方布雷作业的安全；防空反导。

■ 研制历程

信天翁级导弹艇由雷神船厂提供设计方案，具体设计工作由汉堡船舶技术设计公司负责。首艇"信天翁"号于 1972 年 5 月 4 日在吕尔森船厂开始建造，1973 年 10 月 22 日下水，1976 年 11 月 1 日服役。至 1977 年 12 月 23 日最后一艘"苍鹰"号在克勒格尔船厂建成为止，该型艇共建成 10 艘。

进入 21 世纪后，服役将近 30 年的信天翁级技术性能已显老旧，于是德国海军打算将其退役。正好突尼斯海军向德国提出购买 6 艘该级艇，总价约 4000 万美元（不包括 MM38 "飞鱼"反舰导弹）。第一批 2 艘"鹞"号和"神鹰"号于 2005 年 7 月交付，第二批 2 艘"兀鹰"号和"白尾鹫"号于 2005 年 9 月 29 日交付，最后一批 2 艘"苍鹰"号和"鸬鹚"号于 2005 年 12 月 13 日交付。

基本参数	
艇长	58.1米
艇宽	7.6米
吃水	2.8米
满载排水量	393吨
航速	40节
续航力	1490海里（航速30节）
艇员编制	40人
动力系统	4台16V-956-TB91柴油机

▲ 信天翁级导弹艇侧视图

■ 作战性能

信天翁级导弹艇前后各 1 座奥托·梅莱拉 76 毫米舰炮、艇艉 2 座双联 MM38 "飞鱼"反舰导弹发射装置、2 具 533 毫米鱼雷发射管。雷达有 1 部荷兰信号公司 WM27 对海搜索／火控雷达、1 部 WM41 火控雷达及 1 部美国雷声公司 TM1620／6X 导航雷达；其他艇载设备还有荷兰信号公司 MK22 光学指挥仪、巴克韦格曼公司的"热狗"／"银狗"干扰弹发射装置、荷兰信号公司改进的"宙斯盾"作战数据自动处理系统、11 号数据链等。后来，有些信天翁级拆除了艇艉的奥托·梅莱拉 76 毫米舰炮，加装了一座 21 联装 MK49 "拉姆"防空导弹发射装置，据此，该级艇的型号也随之变为 143B 型。

知识链接 >>

143A 猎豹级导弹艇是在 143 型信天翁级的基础上改进而来的。主要区别是，猎豹级拆掉了 2 具鱼雷发射管和尾部的 76 毫米舰炮，在尾部甲板上装了防空导弹发射装置和水雷导轨，还对艇的早期预警系统进行了改进。艇员居住条件比信天翁级有所改善，由于操纵系统自动化程度高，艇员人数也比信天翁级减少了 5 人。

▲ 信天翁级导弹艇前视图

FRANKENTHAL-CLASS

弗兰肯塔尔级扫雷艇（德国）

■ 简要介绍

　　弗兰肯塔尔级（T332型）是德国海军的一种扫雷艇，它的船身采用无磁钢板建造，上层建筑和机械结构都与T343型扫雷艇近似，区别仅在于内部设备。部分该型艇经过改进后被出售给土耳其海军并重新定名为A级。所有现役的弗兰肯塔尔级均部署在基尔港，M1058、M1059、M1062、M1065和M1069号艇属于第3扫雷艇中队，其他则属于第5扫雷艇中队。M1060号艇在2006年被出售给阿拉伯联合酋长国。

■ 研制历程

　　德国军队弗兰肯塔尔级扫雷艇由阿贝金·拉斯姆森公司与吕尔森船厂协力为德国海军建造，建设时间为1992—1998年。该系列扫雷艇构成了德国海军扫雷艇第一大队，其总部设在德国海港城市奥班尼兹。

　　与哈默尔恩级猎雷艇一样，弗兰肯塔尔级扫雷艇合同由以鲁尔系统技术公司为首的工业联合体获得并负责建造，而且这两种类型的扫雷舰拥有相同的船体结构，并且采用了非磁钢作为船体的主要材料。德国ATLAS海事电子公司为弗兰肯塔尔级扫雷艇研发了磁性武器传感80-4反水雷武器系统。

基本参数	
艇长	54.4米
艇宽	9.2米
吃水	2.6米
满载排水量	650吨
航速	18节
艇员编制	41人
动力系统	2台MTU16V型柴油发动机

▲ 弗兰肯塔尔级扫雷艇侧视图

弗兰肯塔尔级扫雷艇装有 DSQS11A 型扫雷声呐、DRBN32 型航海雷达、两座 TKWA 型诱饵发射器、两座锡箔条与火焰弹发射器、一座"博福斯"40 毫米高平两用炮（部分艇改装为一挺 MLG 型 27 毫米机炮）、两枚 FIM-92 毒刺地对空导弹、两部企鹅 B3 型遥控扫雷潜水器以及水雷布设装置、起重机、潜水员减压舱等。

知识链接 >>

德国 ATLAS 海事电子公司为弗兰肯塔尔级扫雷艇研发的磁性武器传感 80-4 反水雷武器系统包括以下四个部分：DSQS-11M 水雷搜索声呐、TCD 战术控制系统、NBD 航行与跟踪系统和 DDSX-11 主动寻的声呐。其中，DDSX-11 主动寻的声呐安装在水雷处置无人艇上。

▲ 弗兰肯塔尔级扫雷艇侧视图

BERLIN-CLASS

柏林级补给舰（德国）

■ 简要介绍

德国柏林级海军补给舰，也称 702 型，是德国海军吨位最大的军舰。柏林级可运载 9450 吨燃油、160 吨弹药等各种补给物资，可进行水、食品、燃料以及武器弹药等物资补给，同时还可搭载集装箱化的医疗器材，参加维和行动等任务。

■ 研制历程

柏林级一共建造 3 艘，首舰"柏林"号于 2001 年 4 月 11 日服役，二号舰"法兰克福"号于 2002 年 5 月 27 日服役，三号舰"波恩"号于 2013 年 9 月 13 日服役。该级舰全部以德国的主要城市命名，目前全部在役。

基本参数	
舰长	173.7米
舰宽	24米
吃水	7.6米
标准排水量	20240吨
航速	20节
舰员编制	233人
动力系统	2台MTU柴油机

▲ 柏林级补给舰上的毛瑟 MLG27 27 毫米舰炮

▲ 柏林级补给舰后视图

武器系统：4 门毛瑟 MLG27 27 毫米舰炮，2 套便携式"毒刺"防空导弹发射装置。舰载机：2 架 NH-90 多用途直升机。运载能力：可运载 9600 立方米物资、550 立方米水、280 吨食品、100 吨燃料等。电子设备：导航雷达等。

知识链接 >>

FIM-92"毒刺"导弹，原名"红眼睛"Ⅱ。1972 年 3 月，"红眼睛"Ⅱ被重新命名为"毒刺"，被称为第二代便携式防空导弹，由通用动力公司生产。目前在世界上的许多国家被非常广泛地使用。FIM-92"毒刺"代替了 FIM-43"红眼睛"被当作标准的西方单兵便携式防空导弹（MANPADS）。

▲ 柏林级补给舰正视图

SPARVIERO-CLASS
鹞鹰级水翼导弹艇 (意大利)

■ 简要介绍

鹞鹰级是意大利海军在20世纪70年代末开始建造的高速水翼导弹艇。鹞鹰级的满载排水量仅60.6吨，算是小型的水翼导弹快艇。为了减轻重量，鹞鹰级的艇体与上层结构都由铝合金制造，有效负载达排水量的25%。鹞鹰级的深浸式水翼采用后三点式设计，前水翼负担全艇重量的30%，后水翼则担负70%；不用水翼时，后方两片水翼从艇侧向上折起，艇艏的水翼则向前上方折起。本级艇共7艘，于1974年到1984年间陆续服役，现已全部退役。

■ 研制历程

1967年10月，埃及海军的苏制蚊子级导弹艇击沉以色列驱逐舰"艾拉特"号，以实力颠覆了传统海战格局，在美国海军作战部部长艾尔默·朱姆沃尔特的提议下，北约制订了一种高速小型导弹艇的研制计划。

然而该计划最终流产，不过参加该计划的意大利决定自行研究下去，借鉴美国在20世纪60年代研制的"图克姆卡里"号水翼巡逻炮艇的设计，于1970年正式下达订单，首艇于1971年4月在拉斯佩齐亚开建，1973年5月9日下水，1974年7月15日入列意大利海军。

基本参数	
艇长	22.95米
艇宽	7.01米
满载排水量	60.6吨
航速	51节
续航力	1000海里（航速8节）
艇员编制	10人
动力系统	1台罗尔斯·罗伊斯M560燃气轮机 1台伊索塔ID38N6V柴油发动机

▲ 鹞鹰级水翼导弹艇俯视图

鹞鹰级的雷达是一具 SMA SPQ-701 平面搜索雷达，火控系统包括 NA-10-3 数据系统以及一具用来引导舰炮与反舰导弹的 RTN-10X 火控雷达。鹞鹰级的体积虽小，但是火力却相当强大，包括舰艏一门当时推出未久的奥托·梅莱拉 76 毫米 62 倍径舰炮，当时也就只有这种紧凑的新型中口径舰炮能塞在 60 吨的小型舰艇上，舰艉则装有两管意大利自行开发的奥图玛特反舰导弹发射器。

知识链接 >>

水翼导弹艇是艇体装有水翼的导弹艇，具有阻力小、航速高、耐波性好等优点。艇体材料多用铝合金，也有用玻璃钢或钢质的。水翼装置大多用不锈钢制成。进出港时，水翼有的可以上翻收起，进行排水航行。艇上装有反舰或反潜导弹 4 枚～8 枚和小口径舰炮、深水炸弹等武器。通常在近岸海区执行作战任务。

▲ 鹞鹰级水翼导弹艇编队

STROMBOLI-CLASS

斯特隆博利级综合补给舰（意大利）

■ 简要介绍

斯特隆博利级综合补给舰是二战后意大利自己建造的首级综合补给船，主要使命是为战斗舰艇和直升机提供燃油、弹药、食品等海上航行补给。它采用与商业油轮相似的船型。有首楼、桥楼、连续甲板。油舱在中部，干货舱在油舱之前，油舱下面的双层底内是压载水舱。舰艉有一直升机平台，无机库。平台可用于垂直补给和直升机加油。尾楼两侧有走廊通往干货集散区。

■ 研制历程

意大利位于地中海中部，是北约组织成员国，海军主要任务是保卫本国领土、领海的安全，保卫海上交通线的畅通及承担北约组织赋予的军事任务。为给海军作战舰艇提供海上后勤支援，意海军决定发展一级较小型的斯特隆博利级综合补给舰。

本级舰共两艘，首舰"斯特隆博利"号于1973年10月开工，1975年11月20服役。二号舰"维苏威"号于1976年8月开工，1978年11月18日服役。

基本参数

基本参数	
舰长	129米
舰宽	18米
吃水	6.5米
满载排水量	8706吨
航速	18.5节
续航力	5080海里（航速18节）
舰员编制	115人
动力系统	2台GMTC428SS型柴油机

▲ 斯特隆博利级综合补给舰侧视图

■ 作战性能

舰炮：1座76毫米炮；2座25毫米炮。雷达：1部SMASPQ-2对海搜索雷达；1部 SMASPN-748导航雷达；1部SPG-70火控雷达。直升机：1个中型直升机平台。液货：3000 吨重油，1000吨柴油，400吨JP5航空煤油。干货：300吨。

知识链接 >>

火控雷达包含了雷达扫描系统和火力控制系统，是通过计算机辅助系统实现对整个武器系统的综合有效利用的过程，一般在综合武器平台如飞机、军舰上使用。可以现实获取战场态势和目标的相关信息；计算射击参数，提供射击辅助决策；控制火力兵器射击，评估射击效果。

▲ 斯特隆博利级综合补给舰侧视图

VITTORIO VENETO (550)

"维托里欧·维内托"号导弹直升机巡洋舰

（意大利）

■ 简要介绍

"维托里欧·维内托"号导弹直升机巡洋舰是意大利海军的最后一艘直升机巡洋舰。该舰由意大利海军造船厂建造。虽然该级舰仅建有一艘，但在直升机巡洋舰发展史上却占有重要地位。

■ 研制历程

进入20世纪60年代后，意大利海军开始思考今后的发展方向，直升机和舰载机在海军舰船的应用已成为趋势，发展航母没有必要，因为意大利海军毕竟以在地中海作战为主。于是，意大利海军将建造能装载更多直升机、以反潜作战为主的大型舰定为新的发展方向。

在总结安德烈亚·多利亚级建造和作战使用经验和教训后，新一级载机巡洋舰开始建造，并于20世纪60年代末期入役。这艘名为"维托里欧·维内托"的巡洋舰，与同一时代的苏联莫斯科级直升机母舰齐名，整体设计效果甚至比莫斯科级还要好，被认为是巡洋舰与载机舰合二为一的杰作。该舰曾于1981—1984年进行过现代化改装。

基本参数	
舰长	179.6米
舰宽	19.4米
吃水	6米
满载排水量	9550吨
飞行甲板	48米×18.5米
速度	32节
船员	557人
动力系统	4台锅炉 2个涡轮增压器 2个螺旋桨

▲ "维托里欧·维内托"号导弹直升机巡洋舰

■ 作战性能

　　该舰不但对空、对岸、对舰、对潜作战样样拿手，而且都有令对方致命的武器。在对空作战方面，"标准" SM-1ER 舰对空导弹是主要利器，由"紫菀"双联装 MK10 Mod9 型导弹发射装置发射。导弹采用指令制导，射程 64 千米，飞行速度 850 米／秒。导弹发射完后具备再装填能力，舰上最多可载弹 60 枚。

知识链接 >>

　　对岸作战是该舰的弱项，但舰载的 8 座奥托·梅莱拉 76 毫米舰炮也能对岸滩上的敌方设施构成密集的火力威胁。该型炮仰角 85 度，射速每分钟 55 发～65 发，射程 8 千米，弹重 6 千克。其实在"维托里欧·维内托"号设计之初和现代化改装之时，战舰对陆攻击，在任何一个国家的海军中都不是主要任务。

▲ "维托里欧·维内托"号导弹直升机巡洋舰

SAN GIORGIO-CLASS

圣·乔治奥级船坞登陆舰（意大利）

■ 简要介绍

圣·乔治奥级是意大利海军最新、最大的船坞登陆舰，计划中建造的 3 艘均已服役。该级舰的设计独特，可用于两栖作战、反潜战支援和执行救灾任务等，廉价的通用型设计受到许多国家海军的青睐。由于该舰要具备平战结合的特点，因此在总体结构、推进装置和舾装等方面在很大程度上符合商船标准，尤其在坞舱、车辆甲板和飞行甲板等部位体现了合理和经济的设计思想；没有配备舰空导弹和近程武器系统，对空火力和反导能力不足。

■ 研制历程

圣·乔治奥级共建有 3 艘，首舰"圣·乔治奥"号于 1985 年 6 月 27 日动工建造，1987 年 2 月 25 日下水，1987 年 10 月 9 日服役。第二艘舰"圣·马可"号于 1986 年 6 月 28 日动工建造，1987 年 10 月 21 日下水，1988 年 5 月 18 日服役。第三艘"圣·吉斯托"号于 1992 年 11 月 30 日动工建造，1993 年 12 月 2 日下水，1994 年 4 月 9 日服役。这 3 艘舰都是由泛安科纳造船集团建造。

基本参数	
舰长	133.3米
舰宽	20.5米
吃水	5.3米
满载排水量	7665吨
航速	21节
续航力	7500海里（航速16节）
舰员编制	163人
动力系统	2台A402–12型柴油机

■ 作战性能

圣·乔治奥级舰装备的雷达有：SMA公司的SPS 702对海搜索雷达，I波段；SPN 748型导航雷达，I波段；塞莱尼亚公司的SPG 70火控雷达，I/J波段。舰上装备了一些舰炮，其中有1门奥托·梅莱拉76毫米炮，射程16千米，弹重6千克。可装载400名陆战队员和30辆~36辆装甲运兵车或30辆中型坦克，3艘通用登陆艇，2艘车辆及人员登陆艇，1艘小型交通艇，3架SH-3D"海王"或5架AB212直升机。

知识链接 >>

圣·乔治奥级采用类似航空母舰的舰型，艏部水线以上较宽，圆弧过渡到后部舰体。舰体右舷中前部设有舷侧装载舱门。舰艉方正，设有艉坞门。舰艏两侧设有艏锚，艉坞门左侧设有艉锚。舰内前部大多空间为纵通式装载舱，分上、下两层，用于装载登陆用坦克、车辆和物资。舰内艉部为坞舱，可装载3艘通用登陆艇。坞内还设有上层甲板，车辆可由艉坞门进入舰内，通过坞内下层甲板，经斜坡跳板到达上层坞舱甲板，并可继续到达各停放车辆处。

HNLMS AMSTERDAM (A836)

"阿姆斯特丹"号综合补给舰（荷兰）

■ 简要介绍

"阿姆斯特丹"号综合补给舰是世界上首级国际合作研制的补给船，由荷兰船厂建造。主要平台装备由荷兰与西班牙两国海军1988年签订谅解备忘录同意分别由两国有关公司为该船提供，如主、辅柴油机，主齿轮箱由西班牙提供；全套海上补给系统，可调距螺旋桨，取暖、空调设备，舱内升降机，甲板起重机由荷兰提供。

■ 研制历程

1988年在整个工程进行期间，两国海军各派2名代表常驻马德里工程项目办公室，管理两国海军和工业部门之间的协议。在工程项目办公室指导下由两国国家工业部门实施工程项目技术设计。建造阶段由国家负责。工程项目办公室按照双方签订的条款落实两国海军和工业部门之间的协议。

1991年10月，荷兰海军与皇家斯凯尔特修造船集团签订荷兰补给船合同，合同规定船体在梅尔韦德船厂建造，1992年5月25日开工，1993年9月11日下水，1995年9月"阿姆斯特丹"号服役。

基本参数	
舰长	166米
舰宽	22米
吃水	8米
满载排水量	17040吨
航速	20节
续航力	13440海里（航速20节）
舰员编制	160人
动力系统	2台巴赞B&W16V40/45型柴油机

▲ 补给作业中的"阿姆斯特丹"号综合补给舰

舰炮：2门20毫米炮；1座30毫米"守门员"近程武器系统。直升机：3架"山猫"或SH-3D，或3架NH90，或2架EHl01直升机。雷达：1部导航雷达，2部对海搜索和全方位直升机引导雷达，以及佛伦提公司的AWARE-4型雷达告警机。

▲ "阿姆斯特丹"号综合补给舰侧视图

知识链接 >>

20世纪80年代末，荷兰、西班牙海军为置换其20世纪50年代末到20世纪60年代初服役的"普尔斯特"号和"特德"号补给船，需要建造新船，两国海军考虑到他们的共同需要，准备联合研制新补给船，但由两国自行建造。新船使命是向海军特混舰队实施燃油、淡水、弹药、食品、备品航行补给。1988年，两国海军在马德里成立了联合工程办公室，1989年5月开始工程技术设计，1990年11月完成船舶初步设计任务书。

ROTTERDAM-CLASS

鹿特丹级船坞登陆舰（荷兰）

■ 简要介绍

鹿特丹级船坞登陆舰是荷兰与西班牙联合设计，用以进一步强化两国军队的远洋投送能力，并作为联合特遣武力（CJTF）的海上指挥中心旗舰。舰上机库内可容纳4架EH101大型直升机，或者6架NH90这样的中型直升机。机库内有各种型号的直升机维修设施及零部件。舰上具有功能齐全、设备完善的的医院，有一个诊疗室、一个手术室和一个实验室。

■ 研制历程

荷兰新两栖舰艇的定义工作于1993年1月展开，于该年12月结束。1994年，荷兰皇家海军正式与皇家须尔德造船厂签约，建造一艘新型船坞登陆舰，命名为"鹿特丹"号，于1997年2月下水，1998年4月服役。

1999年1月，荷兰国防部宣布将向皇家须尔德厂续购一艘鹿特丹级的放大改良版，具有作为联合特遣武力指挥总部的能力，进一步强化荷兰军队的武力投射能力。这艘舰艇被命名为"约翰·怀特"号，于2002年签署建造合约，于2005年5月13日下水，在2007年7月3日进入荷兰海军服役。

基本参数	
舰长	162.2米
舰宽	25米
吃水	5.2米
满载排水量	14000吨
舰员编制	124人
动力系统	4台柴油发电机

■ 作战性能

"鹿特丹"号的舰艉甲板和上甲板上装有2座30毫米"守门员"近程武器系统。舰上与"守门员"近程武器系统配套安装了一个"艾尔斯坎"红外搜索和跟踪系统。

驾驶甲板上安装有4门"厄利孔"20毫米火炮，此外"鹿特丹"号还携带36枚鱼雷。它的诱骗系统包含4套洛克希德·马丁公司生产的SRBOC干扰发射器，它能发射红外欺骗干扰诱饵和金属箔条来迷惑敌人，分散来袭的反舰导弹的注意力。另外"鹿特丹"号还装有AN/SLQ-25水面舰艇鱼雷防御系统，使来袭的鱼雷无法命中目标。

▲ 鹿特丹级船坞登陆舰后视图

知识链接 >>

　　"守门员"近迫武器系统是一套在 1975 年由荷兰信号公司与美国通用电气公司合作研发的 7 管 30 毫米近程防御武器系统，射速 4200 发 / 分，射程 3000 米。主要用于船舰的近距离防御，将来袭的反舰导弹（或其他具威胁性的飞行物）加以击毁。

加利西亚级船坞登陆舰（西班牙）

■ 简要介绍

　　加利西亚级船坞登陆舰是由西班牙和荷兰联合设计的，采用柴油机直接推进系统，可在没有任何港口设施的辅助下用直升机实施垂直登陆。该级舰通常一次只能运送 2 个全副武装的加强连，西班牙海军将加利西亚级的第二艘"卡斯蒂拉"号改造为两栖战指挥舰，因此它与首制舰相比有很大不同。

■ 研制历程

　　1994 年 7 月，西班牙海军向巴赞厂订购第一艘此型舰，命名为"加利西亚"号，1997 年 7 月 21 日下水，1998 年 4 月 30 日服役；1997 年，西班牙海军与巴赞厂签下第二艘本级舰的建造合约，命名为"卡斯蒂拉"号，1999 年 1 月 14 日下水，2000 年 6 月 26 日服役，并在 2003 年 10 月起担任北约新成军的北约快速反应部队的南欧海上部队首任旗舰。

基本参数	
舰长	160米
舰宽	25米
吃水	5.9米
满载排水量	13900吨
航速	20节
续航力	6000海里（航速12节）
舰员编制	"加利西亚"号115人 "卡斯蒂拉"号179人
动力系统	2台柴油机

▲ 加利西亚级船坞登陆舰侧视图

■ 作战性能

装载能力：搭载 4 艘 LCU 或者 6 艘 LCVP 登陆艇、陆战队员 611 人、130 辆装甲车或者 33 辆坦克，总载重 2488 吨。直升机：4 架 EH-101、NH-90、SH-3 或 6 架贝尔 AB-212 直升机。武器装备：2 座 12 管梅罗卡近程武器系统。电子设备：DA08 对空 / 对海搜索雷达，TRS3D/16 对海搜索雷达，凯尔文休斯 ARPA 对海搜索雷达，Link11 系统数据链等。

知识链接 >>

加利西亚是位于西班牙西北部的一个自治区，曾为中世纪加利西亚王国所在地。首府为圣地亚哥－德孔波斯特拉。境内多高山、峡谷，海岸线犬牙交错；米尼奥河为其水利命脉。有家畜饲养业和渔业。自 6 世纪起成为西哥特人殖民地。9 世纪时，阿斯图里亚斯人从摩尔人手中夺得该地区。11 世纪后期沦为卡斯蒂拉的附属国。

▲ 加利西亚级船坞登陆舰侧视图

SPANISH SHIP JUAN CARLOS I

"胡安·卡洛斯一世"号战略投送舰

（西班牙）

■ 简要介绍

"胡安·卡洛斯一世"号战略投送舰是西班牙海军的一艘融合了轻型航空母舰与两栖攻击舰功能的多用途军舰。本舰具有直通飞行甲板和舰艏的滑跃甲板，适合舰载机的垂直或滑跃起飞和垂直降落，可适应鹞式战斗机以及F-35战斗机的起降。该舰将优先作为航空母舰使用，特别是在西班牙金融和经济困境中，"阿斯图里亚斯亲王"号航空母舰退役之后，接替其航母职责。

■ 研制历程

"胡安·卡洛斯一世"号战略投送舰由西班牙IZAR集团（2005年改组为纳万蒂亚公司）负责设计建造，合约于2002年12月签署，2003年9月获得西班牙国防部批准并展开设计工作，2005年5月20日在纳万蒂亚厂正式开工并切割第一块钢板，2008年3月10日才下水，2010年9月30日正式交付西班牙海军，2011年12月正式服役。预算3.6亿欧元，最终花费4.62亿欧元。

基本参数	
舰长	231.8米
舰宽	29.5米
吃水	7.18米
满载排水量	27079吨
航速	20.5节
续航力	8000海里（航速15节）
舰员编制	243人
动力系统	2台LM-2500燃气涡轮 2台柴油机

▲ "胡安·卡洛斯一世"号战略投送舰后视图

■ 作战性能

"胡安·卡洛斯一世"号战略投送舰装备包括 1 具 IndraLanza-N 三维对空搜索雷达、4 座 Oerlikon 20 毫米防空机炮与 4 挺 12.7 毫米机枪等，不过还是预留了加装垂直发射防空导弹系统（可能为 ESSM）或美制 RAM 短程防空导弹的空间。为了节省成本，"胡安·卡洛斯一世"号沿用西班牙阿尔瓦罗·巴赞级护卫舰的部分装备，包括战场管理系统、通信设备以及电战装备等。

PROTECTEUR-CLASS
保护者级综合补给舰（加拿大）

■ 简要介绍

保护者级综合补给舰是加拿大供应者级综合补给舰的改进型，不仅是补给船，还可作旗舰及远洋运输船使用，运输各种物品及车辆。作海运可运输反潜直升机、军用车辆和散装装备，自身具有装卸能力，车辆装卸用机库门旁的两部15吨起重机和船体中部的一部3吨起重机。机库两侧的两艘车辆人员登陆艇可用来向岸上卸载各种物品和小型车辆。直升机平台可以存放登陆驳，利用登陆驳可向岸上卸载较大型车辆。还可作运兵船用。

■ 研制历程

20世纪60年代初，加拿大海军建造了第一艘综合补给船"供应者"号，用于为反潜舰队提供机动的海上后勤支援，它大大提高了战斗舰艇的在航率，因此，加拿大海军决定在此基础上研制一级新船，这促成保护者级综合补给舰的诞生。此级舰共建2艘，由加拿大圣约翰造船和干船坞公司建造。首舰1968年7月18日下水，1969年8月30日服役。

基本参数	
舰长	171.9米
舰宽	23.2米
吃水	10.1米
满载排水量	24700吨
航速	21节
续航力	4100海里（航速20节）
舰员编制	365人
动力系统	1台蒸汽轮机 2台蒸汽轮机发电机组

■ 作战性能

舰炮：2座6管MK15型20毫米密集阵近程防御系统；6挺12.7毫米机枪。直升机：3架CH-124B"海王"直升机/3架CHl24A反潜直升机。雷达：1部带有MKXⅡ敌我识别器的SPS-502对海搜索雷达；1630型和1629型导航雷达；1部TM969导航雷达；1部URN20战术导航系统。电子战系统：4座SRBOC干扰火箭发射装置；1座SLQ-504雷达告警系统。通信系统：WSC-3(V)型卫星通信系统，11号数据链。液货：14590吨燃油、400吨航空煤油。干货：1250吨弹药、1048吨干货。

▲ 保护者级综合补给舰后视图

知识链接 >>

　　保护者级的驾驶室、补给指挥室、作战指挥室、主要生活区、居住舱室及医疗区均在前部上层建筑，直升机机库及为直升机服务的机修间、航空电子间、备品仓库等均在后部上层建筑。补给装置设在中部，有两个补给门架，左右舷共有 4 个干、液货两用补给站。两个补给门架之间的 01 甲板是货物集散区，02 甲板上设有补给控制室。除 4 个两用补给站外，上层建筑前部两侧还有 2 个人力控制的干货补给站。

SA'AR 4.5-CLASS
"萨尔" 4.5 型导弹艇（以色列）

■ 简要介绍

在苏联建造的黄蜂级导弹艇大量出口到中东地区时，以色列意识到了导弹艇的严重威胁。在引进了首批萨尔级导弹艇后，以色列就在利用国外成熟技术和设计的基础上开始了自主设计和建造导弹艇的进程。以色列在短短的几年时间里，先后建造了"萨尔"2型、"萨尔"3型、"萨尔"4型等导弹艇，尤其是"萨尔"4.5型导弹艇，其攻击力甚至超过了一般护卫舰的攻击能力。直升机可执行超视距目标指示、攻潜、搜潜、搜索救援等任务，进一步提高了舰艇的综合作战能力。

■ 研制历程

1980年至1998年，"萨尔"4.5型导弹艇共建8艘。由以色列海法造船厂承建，首艇"阿利亚"号在1980年7月下水，同年8月正式服役。"萨尔"4.5型前2艘亦称为阿利亚级，后6艘升级改造后，称为海兹级。

基本参数	
艇长	61.7米
艇宽	7.62米
吃水	2.58米
满载排水量	498吨（阿利亚级） 488吨（海兹级）
航速	32节
续航力	1500海里（航速30节）
舰员编制	53人
动力系统	4台MTU 16V956 TB91柴油机（阿利亚级） 4台MTU 16V TB93柴油机（海兹级）

▲ "萨尔"4.5型导弹艇侧视图

作战性能

海兹级装有 32 枚或 16 枚"巴拉克"垂直发射的舰对空导弹和密集阵近程防御系统，它们与 76 毫米炮及 20 毫米炮一同构成多层次的对空防御的硬武器。"萨尔"4.5 型除了装备 Elisra 的 NS9003/5 电子战系统外，还装备了多种干扰火箭，有远程的、近程的，有固定式的和回转式的发射装置，阿利亚级配备的箔条 / 闪光发射筒达 152 具之多。海兹级在拆除直升机平台的情况下，可装备 4 枚"鱼叉"导弹和 6 枚"迦伯列"导弹；装备直升机的阿利亚级仍然可携载 4 枚"鱼叉"导弹和 4 枚"迦伯列"导弹。

知识链接 >>

巴拉克防空导弹现有两种型号，分别为巴拉克 I 和巴拉克 II，前者属于近程点防御防空导弹，后者属于中程区域防空导弹。巴拉克 I 导弹系统由以色列飞机工业公司和拉斐尔公司联合研制，是以色列海军现役的主要舰载防空武器系统。巴拉克 I 导弹采用垂直发射方式，主要用于拦截掠海反舰导弹、制导炸弹、飞机等目标，可为舰艇提供 360 度的立体防御，有"攻不破的防御系统"之称。

▲ "萨尔"4.5 型导弹艇航行图

SUPER DVORA MK Ⅲ -CLASS

超级德沃拉 MK-Ⅲ巡逻艇 （以色列）

■ 简要介绍

　　超级德沃拉 MK-Ⅲ是超级德沃拉家族中最新型巡逻艇，该艇由以色列拉姆塔公司制造。它是以色列速度最快的巡逻艇，也是当今世界上最先进的巡逻艇之一，主要在沿海地区、江河口岸活动，保护海岸线，拦截恐怖分子。以色列军队装备的 3 艘超级德沃拉 MK-Ⅲ新型高速、高机动近岸巡逻攻击艇以阿什杜德港为基地，在地中海水域执行巡逻、监视和作战任务。

■ 研制历程

　　1989 年，阿巴斯领导的巴勒斯坦解放阵线武装人员，乘坐高速游艇在以色列尼扎尼姆海岸发动袭击行动，以色列海军舰艇速度相对较慢，追不上巴武装人员乘坐的快艇，最后只得借助直升机火力才把其摧毁。

　　自此，以海军吸取此次教训，开始研制高速武装巡逻艇。2002 年 1 月，根据以海军与以飞机工业公司拉姆塔造船分部签署的合同，在海岸警备队现代化换装项目框架内，以超级德沃拉为平台，在超级德沃拉 MK-Ⅱ基础上，专门建造新一代高速巡逻艇——超级德沃拉 MK-Ⅲ。

基本参数	
艇长	27米
艇宽	5.7米
吃水	1.1米
满载排水量	72吨
航速	52节
最大航程	1000海里
舰员编制	12人
动力系统	2台柴油发动机

▲ 高速航行中的超级德沃拉 MK-Ⅲ巡逻艇

■ 作战性能

超级德沃拉 MK–Ⅲ 巡逻艇装配有先进的远程光电、通信、导航系统，在甲板、桥楼和艇艉处装配有 25 毫米"台风"固定加农炮和轻、重机枪，"攻击"型和"沿海勇士"型高速巡逻艇还专门装配有现代化高精武器系统。它具有较强的持久力，不需特别补充供应，可在海面连续巡逻 96 小时，航程较远，稳定性和机动能力较强，能在高速行驶时在 100 码（91.44 米）直径内进行 360 度转弯。

知识链接 >>

加农炮起源于 14 世纪，16 世纪时，欧洲人称之为加农炮。其名来自拉丁文 Canna，意为"管子"。这是一种炮管较长，发射仰角较小，弹道低平，可直瞄射击，炮弹膛口速度高的火炮，常用于前敌部队的攻坚战中。反坦克炮、坦克炮、高射炮、航空炮、舰炮和海岸炮也属加农炮类型。现今拦截加农炮最好的防御武器是以色列与美国联合研制的"铁穹"防御系统。

▲ 超级德沃拉 MK-Ⅲ 巡逻艇侧视图

GOTEBORG-CLASS

哥德堡级导弹艇（瑞典）

简要介绍

哥德堡级导弹艇是由瑞典制造的攻击水面舰艇和两栖舰队、反潜、防空反导及布雷的导弹艇。它在发生原子、生物、化学战时可完全气密封闭；该艇上装有一个三维线圈消磁系统，它由一个嵌有微处理器的磁强计进行控制，可对艇艏向的所有变化迅速做出反应，并可防止电磁脉冲对雷达、通信、计算设备的干扰。该艇的内部材料、绝缘材料和舾装材料尽可能使用非易燃的；船体分成几个防火区段，可防止烟火扩散。

研制历程

瑞典的"斯庇卡"III型艇的设计建造相当仓促，尽管装备了一些反潜设备，但瑞典海军仍深感其反潜能力不足。为进一步改进反潜能力，对其相应加长，将上层建筑前移以便安装拖曳声呐、为反潜深弹和箔条火箭提供遮蔽甲板，并采用了喷水推进器，这种改型即哥德堡级。

哥德堡级共建造4艘，1985年12月，瑞典海军与卡尔斯克纳沃船厂签订了建造合同。1986年2月正式动工建造，首艇于1989年4月下水，1990年2月服役。后续艇于1991—1993年建成。

基本参数	
艇长	57米
艇宽	8米
吃水	2米
满载排水量	399吨
航速	32节
艇员编制	36人
动力系统	3台MTU 16V396 TB94柴油机

▲ 哥德堡级导弹艇后视图

哥德堡级的主要武器为 8 枚用来对付水面目标的 RBS-15 舰对舰导弹。为提高反潜探测能力，哥德堡级装备了拖曳式变深声呐；为降低艇的噪声，也便于声呐工作，该艇采用喷水推进。在反潜武器方面，既装备有 4 具 400 毫米反潜鱼雷发射管，又装备有 4 座 9 管反潜火箭发射装置。在导弹艇上同时装备舰对舰导弹和鱼雷，将导弹艇和鱼雷艇的功能组合在一起。对于一些国家来讲，它在火力组合、战斗使用和军事经济效益上都具有一定的优越性。它的组织指挥比较简单，有利于缩短战斗过程，争取速战速决。

知识链接 >>

哥德堡级装备"卡麦瓦"喷水推进器，与常规推进器相比，喷水推进器省去了艇舰的其他附件，这降低了船体阻力，有助于提高推进效率。喷水推进器对于未来的导弹艇是具有特殊吸引力的选择。它们运行灵活，具有比较简单的多发动机推进系统，通过水而不是机械将发动机的功率组合在一起。可将柴油机动力用于低速巡航和加速燃气轮机的强功率用于高速运行的优越性结合在一起。

▲ 哥德堡级导弹艇侧视图

CB90 型快速攻击艇（瑞典）

■ 简要介绍

　　CB90 型快速攻击艇是瑞典国防装备管理局（FMV）设计，由瑞典船舶建造商达克史达瓦贝特建造的高航速、高机动性、封闭式两栖部队投送快速攻击艇。它能实现高速机动，近海或内河沿岸的快速两栖登陆作战，是瑞典两个两栖团和极地游骑兵部队的主战装备。外销多个国家，包括挪威、希腊、墨西哥、美国、马来西亚和德国等。

■ 研制历程

　　瑞典从 20 世纪 60 年代开始着重发展小型高速艇执行海岸线巡逻和特种作战任务，早期的 Tpbs–200 运输快艇无论是速度还是隐身性能都无法满足新时期的特种作战需求。瑞典国防装备管理局于 1988 年公开新快艇的设计需求，船舶制造商达克史达瓦贝特竞标成功，1989 年建造两艘实验艇交付瑞典海军，赢得了瑞典海军的高度评价，1990 年开始瑞典海军陆续下达了 120 艘的订单。

　　2007 年，美国海军远征作战指挥部（NECC）授权美国快艇制造商水面搜救武装快艇公司在 CB90 型快速攻击艇的基础上生产了供由美国海军河战分队使用的河川指挥艇 RCB–90。

基本参数

基本参数	
艇长	15.9米
艇宽	3.8米
满载排水量	20.5吨
航速	40节
续航力	220海里（航速20节）
动力系统	2台柴油机 2具喷射推进器

■ 作战性能

　　标准型 CB90 的武器包括艇艏两挺 12.7 毫米 M2H 机枪和中部的可遥控武器站，武器站可布置一挺 12.7 毫米机枪或 40 毫米榴弹发射器。CB90 系列还包括 L 型（营级指挥型）、K 型（连级指挥型）、HS 型（海外维和及支援型）、装有减压设备的潜水支援型以及设有居住舱的非武装型（警用型、救援型及民用型）。瑞典海军还在 CB90 上集成了 AMOS 双管自行迫击炮的炮塔，发展出了火力支援型。

▲ 高速航行的 CB90 型快速攻击艇

HAMINA-CLASS
哈米纳级隐身导弹快艇（芬兰）

■ 简要介绍

哈米纳级是芬兰海军现役最先进的导弹快艇。从外观上看，它在设计上具有较多的优点，从船体到上层结构都高度整合，力避侧面锐角，而且十分注意抑制红外信号，显示出很好的隐身效果。尤其是它采用新型涂料涂饰与北欧海陆复杂地形相应的峡湾迷彩，具备了极佳的隐形特性。

■ 研制历程

首艇"哈米纳"号于 1996 年开始建造，1998 年 8 月 24 日服役。第 4 艘哈米纳级导弹艇被命名为"波里"号，与该级舰艇的"哈米纳"号、"汉科"号以及"托尼尔"号导弹艇一同参与芬兰海军"舰队 2000"计划。

■ 作战性能

6 座"萨布"RBS-15SF 舰舰导弹发射装置。该导弹为主动雷达寻的制导，射程 150 千米。1 部 6 联装的"玛特拉·米斯特拉尔"舰空导弹发射装置，"玛特拉·米斯特拉尔"舰空导弹采用红外制导寻的，射程 4 千米。1 座"博福斯"40 毫米炮，射程 12 千米。6 座 103 毫米轨道式火箭照明弹发射架。2 挺 12.7 毫米机枪。1 座双联装"萨科"23 毫米火炮，可以代替"玛特拉·米斯特拉尔"舰空导弹发射装置。

基本参数	
艇长	50.8米
艇宽	8.3米
吃水	2米
满载排水量	270吨
航速	32节
动力系统	2台柴油机

▲ 哈米纳级隐身导弹快艇和直升机一同演练

哈米纳级隐身导弹快艇发射导弹瞬间

KILIC-CLASS
军刀级导弹艇（土耳其）

■ 简要介绍

军刀级导弹艇以星级、苍鹰级导弹艇为基础进行设计的，但艇体设计经过优化，重新设计了隐身化的桅杆和上层建筑，配备有更先进的电子设备，尺寸和排水量也大幅增加。军刀级采用了常规单体排水型艇型、高强度钢和轻质合金建造。上层建筑采用了全封闭结构并与艇体连为一体。为了提高适航性和耐波性，军刀级艇艏干舷增大并进行了防浪设计，在高海况下具有良好的高速性和横向、纵向稳定性。

■ 研制历程

土耳其与希腊之间的海上争端集中在爱琴海东部岛屿的主权上。为了在爱琴海岛屿争端中占据主动地位，两国海军非常重视小型高速作战舰艇的发展。从 20 世纪 70 年代起，两国通过引进和自建的方式，组建了阵容强大的高速导弹攻击艇舰队，希腊有罗森级导弹艇，土耳其有军刀级导弹艇。

1993 年 5 月，土耳其国防部与德国吕尔森船厂签订了 3 艘导弹艇的建造合同，2000 年又增购 6 艘，命名为军刀级。首艇"军刀"号在吕尔森公司建造，1997 年 7 月 15 日下水，1998 年 7 月 24 日服役；最后一艘"博拉"号于 2007 年下水，1998 年服役。

基本参数	
艇长	62.4米
艇宽	8.3米
吃水	2.6米
满载排水量	550吨
航速	38节
续航力	1050海里（航速30节）
舰员编制	42人
动力系统	4台柴油机

▲ 军刀级导弹艇侧视图

■ 作战性能

军刀级导弹艇在艇体后部的烟囱和小型建筑之间交叉布置了2座 MK140 型 4 联装 RGM-84D "鱼叉" B10cklc 舰舰导弹发射装置，分别朝向左右舷。艇艏前甲板布置 1 座奥托·梅莱拉超射速型 76 毫米 / 62 倍径舰炮。该炮能使用新型 SAPOMER 增程半穿甲弹 (对地 / 对海攻击)、弹道修正弹、用于近程反导的 AHEAD 可编程引信炮弹和 "飞镖" 次口径弹，具有射程远、射速高、精度高、杀伤力强等特点，具有很强的防空反导能力和对海 / 对地攻击能力。

知识链接 >>

在 20 世纪 80 年代的两伊战争、美利冲突和 20 世纪 90 年代初的海湾战争中，导弹艇在空中打击下暴露出生存力弱的缺点。因此，20 世纪 90 年代，全球导弹艇的发展步入低潮。不过，导弹艇在岛屿和港湾交错的滨海环境中仍具有优异的适应性，北欧的挪威、瑞典和芬兰，东亚的日本、韩国，地中海东部的以色列、希腊和土耳其等国受特定地理环境和作战思想的影响，20 世纪 90 年代后期仍对发展新型导弹艇情有独钟。

▲ 军刀级导弹艇俯视图

阿布萨隆级多功能支援舰（丹麦）

■ 简要介绍

阿布萨隆级多功能支援舰，亦译为阿伯沙龙级多功能支援舰。一般而言，护卫舰在舰队中主要负责反潜、防空并兼具一定的对舰攻击能力，但丹麦海军却剑走偏锋地将两栖舰设计融入护卫舰当中，打造出了理念新锐的阿布萨隆级多功能支援舰。这种"混血"战舰不仅防空、反潜、反舰样样不差，还具备布雷和投送部队的能力，是名副其实的海上多面手。

■ 研制历程

丹麦地处北欧最南端，直接控制波罗的海的出海口，具有极为重要的战略地位。为积极参与国际和平维持工作与任务，丹麦国防部责成丹麦海军针对冲突预防、和平维持、和平支援、人道救援与一般海军作战等所需，开发出集自我防卫、部队运输与两栖作战于一身的舰艇——弹性支援舰艇，期使能够执行国际维和任务。阿布萨隆级造舰计划于 1999 年获得批准，并在 2001 年由丹麦的造船厂赢得建造合约。首舰"阿布萨隆"号于 2003 年 11 月 28 日安放龙骨，2004 年 2 月 25 日下水，并于同年 10 月 19 日服役。第二艘为"艾斯伯恩·斯纳尔"号于 2005 年 4 月 18 日服役。

基本参数	
舰长	137.6米
舰宽	19.5米
吃水	6.3米
满载排水量	6300吨
航速	23节
续航力	9000海里（航速15节）
舰员编制	100人
动力系统	2台MTU8000M70柴油机

▲ 阿布萨隆级多功能支援舰前视图

■ 作战性能

　　与一般支援舰仅具自卫武装或是电子支援装置不同的是，该舰配备强大的武器系统，特别是舰艇配备一门美制 MK45 Mod4 型 127 毫米快炮，可发射如 EX-171 型延程炮弹。另外舰上配备 2 个共可发射 16 枚"鱼叉"导弹的模组；3 个 12 管垂直发射的 MK56 型垂直发射器，可发射 36 枚 RIM-162 型先进海麻雀导弹。此外舰上装置 GDM-008 近程防卫系统，作为反反舰导弹的最后防线；同时舰上还设有 2 具双联装刺针防空导弹发射器和 7 挺 12.7 毫米机枪，作为舰上自卫武器使用。

▲ 阿布萨隆级多功能支援舰后视图

知识链接 >>

　　本级舰为了实现隐身需求，线条具有隐身设计，完全合乎北约的打击防护需求。舰身上层建筑的隐身线条设计及干净简单的外墙，可以让其雷达反射截面积降到最低。除了降低雷达反射截面积外，该舰对于降低红外线痕迹也是不遗余力。除了主机的位置经过精心设计外，舰上排烟系统也设置了热交换装置，让排烟的温度尽量降低，以降低遭红外线导弹锁住的概率。

JASON-CLASS
杰森级坦克登陆舰（希腊）

■ 简要介绍

　　希腊的杰森级坦克登陆舰有一个高大的前甲板，前甲板下降过渡到向后方延伸的船台甲板，高大的上层建筑位于船台甲板后方，大型三角式主桅位于舰桥顶部，装有雷达天线。醒目的双烟囱并排配置，位于上层建筑后方，烟囱横截面为矩形，顶部为黑色，顶部倾斜，大型上升式直升机平台位于舰舰架高甲板。

■ 研制历程

　　杰森级坦克登陆舰共建造 5 艘。首舰于 1987 年 4 月 18 日开工，1994 年服役。后续舰分别于 1996—2000 年相继服役。

■ 作战性能

　　火炮：1 门奥托·梅莱拉 76 毫米紧凑型舰炮；2 门布雷达 40 毫米 / 70 紧凑型舰炮（双联装）；4 门莱茵金属公司 20 毫米炮（2 座双联装）。空中支援：直升机。

基本参数	
舰长	116米
舰宽	15.3米
满载排水量	5000吨
航速	16节

▲ 演练中的杰森级坦克登陆舰

▲ 杰森级坦克登陆舰开启前舱门

ROUSSEN-CLASS

罗森级导弹艇（希腊）

■ 简要介绍

罗森级以威塔级导弹艇为基础进行设计，也称超级威塔级。为进一步提高适航性和装备更多的武器，罗森级总体设计较威塔级有较大改进——重新设计了上层建筑和舱室布局。罗森级也采用了单艇身排水型艇型，全封闭结构。其具有较高的适航性和耐波性，可在7级海况下正常作战。罗森级的外形同样经过隐身设计，上层建筑和桅杆的外结构面都向内倾斜，以减小雷达波反射面积。

■ 研制历程

为了在爱琴海岛屿争端中占据优势，希腊、土耳其海军组建了北约和地中海地区最庞大的两支导弹艇部队，装备有多型先进导弹艇，其中典型代表就是土耳其海军的新型军刀级和希腊海军的罗森级导弹艇。

1999年9月，希腊国防部选定了英国沃斯帕·桑尼克罗夫特造船厂的超级威塔级导弹艇方案，并以技术转让方式在雅典附近的埃莱夫西斯船厂建造。首艇"罗森"号于2000年12月开工，2002年11月下水，2005年12月20日服役；后继2艘"达尼奥洛斯"号和"克里斯塔迪斯"号分别于2006年2月22日和2006年5月8日服役。

基本参数	
艇长	61.9米
艇宽	9.5米
吃水	2.6米
满载排水量	580吨
航速	35节
续航力	1800海里（航速22节）
舰员编制	45人
动力系统	4台MTU 16V595 TE90型柴油机

▲ 罗森级导弹艇后视图

■ 作战性能

希腊与土耳其均为北约成员国，都能很容易引进西方先进的电子设备，因此罗森级与军刀级装备有大量相同的电子设备，包括作战管理系统、火控系统和雷达在内的许多设备都是泰利斯公司的同型产品，两级艇的电子设备技术水平相当。由于各种电子设备一应俱全，两级艇均具备昼夜进行独立作战的能力。罗森级的作战中枢采用了TACTICOS作战管理系统，而军刀级装备的STACOS作战管理系统也属于TACTICOS的进化版。总体来说，罗森级与军刀级的舰炮火力基本相当。

知识链接 >>

罗森级导弹艇采用的TACTICOS系统是专为小型舰艇设计的版本，整合了艇上所有的传感器、电子战系统和武器系统，能自动进行威胁评估和目标锁定，分配武器系统与目标接战。TACTICOS可通过艇上的北约Ⅱ号数据链和卫星通信系统与其他平台进行实时信息交换，通过传输来的目标数据对超视距水面目标进行隐蔽的导弹攻击。该系统还采用了全分布式系统架构，升级和维护费用也大大降低。

▲ 罗森级导弹艇侧视图

SKJOLD-CLASS
盾牌级导弹艇（挪威）

■ 简要介绍

盾牌级导弹艇，也译作盾牌星座级，是挪威新型隐身导弹艇，本艇全由挪威自主设计，采用半气垫船、半双体船设计，不但适合沿岸作业还能避过一些大型水雷。该艇无疑是北欧隐身战舰中的佼佼者，在挪威周围群岛和峡湾众多的海域上，极其需要这种拥有隐形能力的小型舰艇。该艇是世界上最先进的导弹快速巡逻艇，它的特点就是速度奇快，信号特征小，在小尺寸的舰艇上有重武器负荷能力，堪比一架在海上高速行驶的坦克，能够在奔驰的海面上用强劲的火力击溃敌人。在构造上，该艇采用大量的复合材料与雷达波吸收材料，再加上该艇体积小，它在舰艇技术方面，代表了一种全新的发展方向。

■ 研制历程

盾牌级导弹艇共计建造6艘，均由挪威乌莫·曼达尔造船厂建造。第一艘"绍尔德"号在1999年4月17服役，其余五艘均在2010—2012年建成服役。

挪威军方自豪的认为盾牌级应该称为小型护卫舰，从适航性来说，虽然它们的排水量只有273吨，但是它们战斗特性可以和常规的1000吨～1100吨小型护卫舰相提并论。

基本参数	
艇长	47.5米
艇宽	13.5米
吃水	1米
航速	60节
艇员编制	16人
动力系统	2台燃气涡轮发动机 2台柴油发动机

▲ 盾牌级导弹艇发射导弹瞬间

■ 作战性能

    盾牌级导弹艇携带 8 枚反舰导弹，反舰导弹装备一个红外成像自动导引弹头，射程超过 150 公里。近程防空系统使用欧洲导弹设计局的舰载型"西北风"轻型红外制导防空导弹，有一套双联发射装置，在甲板上或在一个平台位置部署。盾牌级的一个重要能力是隐形近海作战能力，特别适用于挪威的群岛和峡湾海岸地形，用来搜索和监视敌方的潜渗兵力，利用自身隐形能力，接近敌人进行交战。

知识链接 >>

    盾牌级船体采用复合结构。内外多层船体使用纤维增强塑料、玻璃纤维和石墨多层黏合布组成，边缘使用乙烯树脂和聚酯树脂。一个节省原料和工序的制造方法应用于建造过程中，包括真空辅助树脂注塑。碳纤维和石墨填充材料已经被选择用于横梁、桅杆和支承结构，这些需要高抗拉强度。

▲ 盾牌级导弹艇主炮射击瞬间

坚韧级坦克登陆舰（新加坡）

■ 简要介绍

坚韧级坦克登陆舰是新加坡海军隶下的大型坦克登陆舰，它融合了船坞运输舰（LPD）与坦克登陆舰（LST）的功能，堪称为新加坡海军量身打造的舰艇，许多设计都是针对新加坡海军的作战需求而来。坚韧级是现新加坡自制的最大的海军作战舰艇，此一建造案彰显了新加坡国防产业强大的规划、整合与客户导向能力，不仅满足新加坡国土防卫作战的需求，也对新加坡的产业提供升级与接受挑战的机会，大幅提高新加坡国防产业的水平与能量。

■ 研制历程

坚韧级坦克登陆舰计划起源于 1994 年，目的是取代老旧的郡级坦克登陆舰。计划的主导者为新加坡国防部科技局，设计与建造交给新加坡海事，舰上的指管通情与电子装备由新加坡电机科技负责整合。

由于这是新加坡第一次自主研制大型舰艇，于是请美国亨廷顿·英格尔斯（HII）造船厂援助此级舰的设计与建造工作。首舰"坚韧"号于 1997 年 3 月 26 日开工，1998 年 3 月 14 日下水，2000 年服役，后续三舰也在 2000—2001 年陆续进入新加坡海军服役。

基本参数	
舰长	141米
舰宽	20米
吃水	5米
满载排水量	8500吨
航速	20节
续航力	5000海里（航速15节）
动力系统	2台Ruston 16RK270柴油机

■ 作战性能

二战结束后在滩头面临的威胁日益严重，加上航空器（包括定翼机与旋翼机）在两栖作战中扮演越来越重要的角色，因此传统登陆舰艇的抢滩方式便逐渐式微，于是该级舰摒弃了舰艏舱门以及平底船型的设计，改用一般船只的飞剪式舰艏以及典型船体，以取得较佳的航速与适航性能。

舰上可容纳 20 辆主战坦克级别的各类装备物资，最多可操作 2 架 CH-46 运输直升机或 4 架 SH-60 舰载直升机。自卫武装较为简单，舰艏一门奥托·梅莱拉 76 毫米舰炮,舰桥两侧各一具西北风短程防空导弹,主桅杆一座爱立信海长颈鹿 150HC 高平搜索雷达。

知识链接 >>

坚韧级在服役后，其利用装载量庞大的特性，多次参与国际维和与人道救援任务。坚韧级也是新加坡海军军官学校毕业生进行海上实习的摇篮，而每当新加坡军队与友邦国家进行训练时，坚韧级也负责人员与装备的运送。2009 年 2 月 12 日，新加坡派遣坚韧级的"坚持"号搭载两架超级美洲豹直升机前往索马里执行反海盗护航任务，并加入在当地的多国第 151 特遣群。

YOON YOUNGHA-CLASS
尹永夏级导弹巡逻艇（韩国）

■ 简要介绍

    尹永夏级导弹艇是韩国海军装备的一型导弹快艇，也被称作 PKG 级导弹艇。韩国海军力图将尹永夏级导弹艇打造为世界一流的巡逻艇。该级艇主要部署在朝韩边界水域，用以保护和守卫韩国在该海域的海洋权益。尹永夏级导弹艇还有一款较小的衍生型，被称作 PKX-B。PKX-B 型巡逻艇以轻型鱼雷取代了反舰导弹，能够执行反潜任务。

■ 研制历程

    尹永夏级高速导弹艇诞生于"第二次延坪海战"之后，为了应对朝鲜那些装着坦克炮的巡逻艇，韩国将原定的韩国高速巡逻艇计划做出了修改，堆砌了大量重火力。

    尹永夏级导弹巡逻艇共建成服役 18 艘。首艇"尹永夏"号（舷号 PGM-711）于 2007 年 6 月 28 日在蔚山现代重工造船厂下水，2008 年 12 月 7 日服役，名字取自 2002 年在韩国西海岸摩擦战中丧生的一名少校艇长。

基本参数	
艇长	83米
艇宽	10米
满载排水量	570吨
航速	40节
续航力	2000海里（航速16节）
动力系统	1台LM500燃气轮机 2台MTU柴油发动机

▲ 尹永夏级导弹巡逻艇侧视图

武器装备：主炮为一门意大利奥托·梅莱拉公司与 WIA 公司联合开发的 76 毫米口径舰炮；1 门"布莱达"40 毫米双管速射炮；1 挺 12.7 毫米重机枪；8 枚 SSM-700K 反舰导弹。

电子装备：CEROS200 作战管理系统（CMS）；STX 雷达系统公司的被动相控阵雷达；舰桥顶部安装了用于控制 76 毫米和 40 毫米武器 NA-30E 火控雷达；桅杆墩座的两侧及后部安装了 SLQ-200（V）、ECM 和 ESM 雷达天线罩和天线；2 个"达盖"MK2 干扰弹发射装置。

知识链接 >>

现代重工业株式会社是一个世界级的综合型重工业公司，是韩国重工业的摇篮，有 8 个事业部，其中造船事业部与发动机事业部生产规模最大。现代重工于 1972 年在朝鲜半岛东南端的蔚山市成立，集团占地面积 720 万平方米，车间和各种设施布局合理，能最大限度地提高造船效率，拥有干船坞 9 座，能按照订购方要求建造各种尺寸和各种类型的船舶。

CANBERRA-CLASS

堪培拉级两栖攻击舰（澳大利亚）

■ 简要介绍

　　堪培拉级两栖攻击舰是澳大利亚海军建造的最新两栖攻击舰。它比澳海军之前的"墨尔本"号航母还要大，服役后将使澳海军能够遂行一系列作战任务，包括地区救灾、人道主义援助、支持维和行动以及警察维和等任务。它能极大地提升澳大利亚的兵力投送能力，以及提供有限的空中支援，成为澳大利亚海上远程作战的最大平台。澳海军希望拥有航母的梦想有30年之久，堪培拉级服役后圆了澳大利亚海军的巨舰梦。

■ 研制历程

　　在"2000两栖作战会议"上，澳大利亚海军提出"多用途辅助舰"（MRA）概念。2003年，其国防部部长罗伯特·希尔宣布，根据"国防项目计划2048"（JP2048），将购买两艘新型多用途两栖攻击舰（LHD）。法国阿马里斯公司与西班牙纳凡蒂亚公司为此展开角逐。2006年5月3日，标书正式发布。最终，西班牙纳凡蒂亚公司的方案中标。

　　首舰"堪培拉"号于2009年9月23日开工，2011年2月17日下水，2014年11月28日服役。二号舰"阿德莱德"号于2011年2月18日开工，2012年7月4日下水，2015年12月4日服役。

基本参数	
舰长	221.4米
吃水	6米
满载排水量	25790吨
航速	21节
续航力	9000海里（航速15节）
动力系统	4台柴油发电机组

▲ 堪培拉级两栖攻击舰后视图

214

该级舰采用了全通飞行甲板，岛式上层建筑。可搭载 1000 名武装士兵，同时运送 150 辆车辆，包括 M1A1 主战坦克。坞阱可运送 LCAC 气垫登陆艇，还可起降 6 架 S-70 黑鹰直升机。由于采用直通式甲板，"堪培拉"号稍做改装，就可摇身一变成为轻型航母，搭载 25 ~ 30 架海鹞式战斗机或 F-35B 垂直起降舰载机。

知识链接 >>

堪培拉级两栖攻击舰十分重视多用途能力。从整体设计看，堪培拉级两栖攻击舰舰首部设有一个升角为 13 度的滑跃起飞甲板，可起降澳海军未来将装备的 F-35B 战斗机。堪培拉级两栖攻击舰的到来，显然对澳大利亚海军的实力提升有重要意义，即使作为两栖攻击舰使用，这种舰型能够发挥的作用也是相当可观的。

▲ 堪培拉级两栖攻击舰侧视图

图书在版编目（CIP）数据

特种战舰/陈泽安编著 . — 沈阳：辽宁美术出版
社 , 2021.12
（军迷·武器爱好者丛书）
ISBN 978-7-5314-9134-7

Ⅰ . ①特… Ⅱ . ①陈… Ⅲ . ①战舰—世界—通俗读物
Ⅳ . ① E925.6-49

中国版本图书馆 CIP 数据核字 (2021) 第 256731 号

出　版　者：辽宁美术出版社
地　　　址：沈阳市和平区民族北街29号　邮编：110001
发　行　者：辽宁美术出版社
印　刷　者：汇昌印刷（天津）有限公司
开　　　本：889mm×1194mm　1/16
印　　　张：14
字　　　数：220千字
出版时间：2021年12月第1版
印刷时间：2021年12月第1次印刷
责任编辑：张　畅
版式设计：吕　辉
责任校对：李　昂
书　　　号：ISBN 978-7-5314-9134-7
定　　　价：99.00元

邮购部电话：024-83833008
E-mail：53490914@qq.com
http://www.lnmscbs.cn
图书如有印装质量问题请与出版部联系调换
出版部电话：024-23835227